맛의 세계에 질서와 조화의 미를 추구하면서, 미각에 역점을 두어 맛을 창조하는 진정한 지휘자는 조리사들입니다.

요리는 전통, 유행, 주관이 기본이 되어야 한다고 생각합니다. 무언가의 기본을 배운다는 것은 결국 그것을 토대로 하여 풍부한 상상력과 응용력을 가질 수 있게 된다는 것입니다.

주방에서 소스 업무를 담당하려면 많은 경험이 뒤따르지 않으면 안 됩니다. 좋은 소스를 만들려면 신선한 양질의 재료도 중요하지만, 미각에 대한 감각과 자신감은 물론이고 정성이 깃들어야 합니다.

최수근, 『소스 이론과 실제』에서 발췌(형설출판사, 1988)

12 Basic Sauce
이론과 실제

12 Basic Sauce
이론과 실제

최수근 · 전관수 · 조우현 공저

백산출판사

개정판을 내면서

많은 사람들이 소스를 쉽게 익힐 수 있는 방법을 원하지만 소스는 맛을 표현할 수 있는 마지막 수단이기에 기본이 갖추어져야 가능하다.

필자는 올해 정년퇴임을 하고 (주)HK 이향천 회장님의 배려로 한국조리박물관 관장으로 일하게 되었다. 소스 전문가에서 박물관을 운영하는 사람이 된 것이다. 박물관 건립은 1984년 프랑스 니스에 위치한 에스코피에(현대 프랑스 요리의 아버지)의 생가에 만들어진 조리박물관을 보고 생각하게 되었다. 한국에 가면 꼭 조리박물관을 건립하여 후배들에게 보여주고 싶었다.

조리역사의 변천과 주방기구들의 발전과정을 보여주는 한국 최초의 박물관을 꿈꾸게 되었다.

그때부터 어려웠지만 자료들을 하나둘씩 수집하게 되었다. 외국에 가면 여행보다는 벼룩시장 가는 것이 좋았다. 오래된 칼, 채칼, 도마, 거품기, 몰드, 냄비, 접시, 메뉴, 고서, 메달 등을 구입하였다. 물건은 많아지는데 보관장소가 없어서 고생을 했다. 남들은 모두 이상하다고 했지만 목적이 있기에 국내의 레시피, 올림픽 메뉴, 특급호텔에서 쓰던 기물, 청와대 접시와 메뉴 등을 수집하는 수집광이 되었다. 그러던 중 IMF가 터졌고 신라호텔에서 좋은 위치에 있었지만 과감하게 경주대로 갔다. 호텔은 월급도 많았지만 학교 설립하는 것이 꿈이었기에 학교를 선택한 것이다. 그곳에서 박물관 준비를 계속했지만 기회가 오지 않았다.

필자는 강의시간에 학생들에게 조리박물관 만드는 게 꿈이라고 말하곤 했다. 박물관 얘기를 하면 대개는 웃고 만다. 실망스러웠지만 준비는 멈추지 않았다. 그 후 영남대를 거쳐 모교인 경희대에서 근무하게 되었다.

2015년 전국 조리과교수협의회 임원 세미나를 이천에 있는 (주)HK공장에서 하게 되었다. 당시 장재규 전무님께 그동안 수집한 자료를 모두 기증할 테니 박물관을 건립해 주었으면 한다고 말씀드렸더니 그해 이향천 회장님의 적극적인 협조로 한국조리박물관 건립추진위원회가 만들어지고 두 달에 한번씩 회의를 거쳐 준비하게 되었다.

2016년에는 미국에 있는 CIA와 J&W조리박물관을 벤치마킹했다. 그해 9월 30일에는 조리원로 자문위원회의를 통해 과거, 현재, 미래를 연결하는 살아 숨쉬는 조리역사를 집대성한 박물관을 만들기로 결정했다.

2017년에는 프랑스 니스에 있는 에스코피에박물관을 방문하여 박물관 설립 후에 협조받기로 하고 파리에 있는 와인박물관과 르 꼬르동 블루 학교 등을 방문하였다. 그해 9월 9일은 43명의 조리원로 기능장 대표, 명장, 조리학회 회장단, 한국주방장 대표와 한 · 중 · 일식을 대표하는 전문가들이 모여 정식으로 자문위원 위촉식을 거행하게 되었다. 이 행사를 계기로 여러분의 선배조리사분들이 소장품을 기증하게 되었다. 동서양의 역사성 있는 조리도구와 문헌 등을 박물관에 소장하게 되었다.

본 박물관은 조리 관련 자료를 체계적으로 정리함은 물론이고 다양한 조리시설을 겸비하여 다양한 체험과 교육의 장도 함께 제공하여 선배님들이 노하우를 펼칠 수 있는 장소로 만드는 것을 목적으로 하고 있다.

2018년 올해 필자는 소스를 보급하기 위해 한국조리박물관에서 양식 민간 자격증 과정을 만들었다. 여기서 본 교재를 이용한 과정을 개설할 예정이다. 1975년에 조리사로 입문하여 그동안 다양한 요리에 관심이 많았고 1983년 프랑스에서 요리공부를 하면서 소스를 전공하게 되었다. 그 후 10권의 소스 관련 서적을 집필했고 소스를 중심으로 학생들을 지도하다 보니 소스 관련 전문가를 60여 명 배출하였다. 이들과 소스에 대해 논의하며 학교에서 손쉽게 지도하는 방법을 찾다가 모체소스를 익히고 파생소스를 연습한 후에 응용요리를 두 가지씩 실습하면 좋은 결과가 올 거라는 확신을 얻게 되었다. 그래서 일차적으로 12가지 모체소스를 정하고 교재를 만들기로 했다. 마침 전에 저술한『12 베이직소스 이론과 실제』라는 책의 개정판이 요구됨에 따라 이 책을 수정 보완하기로 했다. 향후 소스 전문 셰프가 되고 싶은 분들을 위해 소스 전문 교수님들의 의견을 모아 책 내용을 보완하였다.

끝으로 이 책이 완성되기까지 도움을 주신 분들에게 감사드립니다.

항상 될 일은 된다고 하시는 (주)HK 이향천 회장님의 아낌없는 성원과 장재규 전무님, 김병원 이사님께도 감사의 인사를 드립니다. 학계에서는 우석대 박기홍 교수님, 영산대 박현진 교수님, 서정대 정수근 교수님께 감사드리고, 부천대 이종필 교수님의 저서와 배화여대 염진철 교수님의 저서에서 많은 자료를 참고했음을 밝힙니다. 특별히 이번에 한국조리과학고등학교 고승정 선생님이 레시피, 사진 등을 학생들과 실제로 실습하며 양목표를 수정 · 보완해 주셨습니다. 이외에도 원고정리와 교정을 봐주신 성인숙 과장님에게도 고개 숙여 감사드립니다.

2018년 8월 한국조리박물관에서

대표 저자 최 수근

들어가며

실력 있는 셰프가 되려면 기본기가 단단해야 한다. 이 말은 모든 주방장이 하는 말이다. 도대체 조리사의 기본기가 무엇인가? 필자는 평생을 기본에 대하여 고민해 보았다.

학교 공부를 마치고 현장에 나가니 필자에게 기초가 잘 안 다져졌다고 지적을 했다. 그래서 프랑스에 기초요리 공부를 하러 갔다. 하지만 그곳에서도 어떤 것이 기초라고 가르치지는 않았다. 돌이켜보면 조리에서 기초는 조리사로서 기본을 다지는 것과 같다고 생각했다. 쉽게 이야기해서 기초라면 썰기, 깎기, 다지기, 조리법 익히기, 기초 육수 · 기초 소스 만들기, 기초 반죽하기 등이다. 이것은 한 · 중 · 일 · 양식 모두에 필요한 내용들이다. 하지만 기초사항을 숙지했다고 기초가 잘 다져졌다고 하지는 않는다. 식문화도 이해해야 하고, 식재료, 위생, 조리사들과의 인간관계, 음식평론 등도 익혀야 기초를 잘 갖추었다고 할 수 있다.

얼마 전 조리학회에서 세미나가 있었다. 그때 많은 교수님들에게 "학생들에게 기초를 잘 가르쳐야 하는데 어떻게 교육해야 될까요?"라고 물었다가 우리 조리교육은 기초, 중급, 고급이 혼재되어 있어 학교에서 이 기준을 바로잡는 것이 우선이라는 결론을 얻었다.

기초과정은 교수가 초보 조리사들에게 조리의 모든 것을 지도하고 잘 못하면 잘할 때까지 가르치는 과정을 말하고, 중급과정은 기초를 마쳤으므로 레시피만 보고 음식을 만들 정도가 되어야 한다. 고급과정은 식재료를 가지고 스토리텔링, 레시피 작성, 판매 메뉴를 만들 수 있는 셰프의 능력을 가진 사람을 말한다.

필자는 좋은 제자를 양성하기 위해 어떻게 지도해야 중급 · 고급 과정에서 잘 적응할 수 있는 조리사가 되는지에 대해 생각해 보았다. 우리나라에서 기초교육을 받은 사람과 C.I.A.에서 기초교육을 받은 학생의 차이는 전혀 없는데 자신감의 차이는 엄청났다. 우리는 기초과정에서 너무 많은 교육을 받는다. 그래서 필자는 하얏트 리젠시 제주 전관수 총주방장과 한국에스코피에요리연구소 조우현 이사장과 이 문제를 해결하기 위해 새로운 교육프로그램을 만들어 책으로 내게 되었다.

이 책의 교육목표는 전문화(Specialization), 단순화(Simplification), 표준화(Standardization)이다. 육수는 쇠고기육수 재료, 만드는 법, 평가기준, 참고사항을 완전히 숙지시키면 그 외의 육수 재료 해결능력이 갖추어지는 효과가 있다고 본다. 소스 역시 생선육수를 만들어 생선육수 모체소스인 화이트와인 소스 만드는 법을 숙지시키고 파생소스 2가지 정도를 익힌 후 응용요리 2가지 정도를 학생들에게 실습시키면 생선에 관련된 사항을 이해시키면서 다른 주재료를 이용하는 소스에 대해서 알게 되므로 현장에서 응용능력도 높이고 R&D 부서에서 메뉴개발능력이 향상된다고 본다.

해외에서 공부한 학생들과 우리나라에서 교육받은 학생들의 수준이 같을 때 우리가 선진 조리교육을 했다고 생각하고, 이럴 때 우리 학생들의 자신감이 크게 높아진다고 생각한다. 자신감은 향후 셰프가 될 때 기초가 된다고 믿는다.

이번 교재를 만드는 데 에스코피에 회원들의 조언과 극동대 김기쁨 교수, 우송대 유수현 교수의 도움이 컸다. 그리고 제주에 있는 신충진 부장님의 자료 제공에 감사하며 김기훈, 갈경호, 이동규 조교들의 수고에 이 자리를 빌려 감사드린다.

2016. 1

저자 일동

Contents

Basic Stock
Basic Sauce

이 책의 사용법과 특징

1. 만드는 방법은 기초과정을 중심으로 기술했다.

2. 이 책은 기초과정에서 양목표를 꼭 외우도록 하고, 실습을 위해서는 4가지 모체육수, 12가지 소스를 중점적으로 정리하였다.

3. 모체는 한 학기 동안 완전히 숙지해야 향후 현장에서 응용되는 파생육수, 소스 등을 이해할 수 있다.

4. 소스 및 응용요리의 경우 양식소스전문가자격증 문제를 기준으로 메뉴를 선정 · 정리하였다.

5. 소금, 후추의 양은 만드는 사람에 따라 다르므로 약간으로 표기하였다.

6. 버터는 무염버터를 기준으로 하였다.

7. 양목표의 재료분량은 대학에서 실습하기 편리한 양으로 조정하였다.

8. 소스 산출량은 200ml를 기준으로 하였다(일부는 2~4인분 기준으로 설정).

9. 양목표 분량은 현장에서 쓰는 양을 기준으로 하였다.

10. 소스는 모체소스와 파생소스로 구분하였다.

11. 소스를 응용하여 만든 요리는 응용요리로 정리하였다.

12. 분류법은 기초에 해당하는 수준으로 정리하였다.

13. 만드는 법은 호텔 주방에서 현재 사용하는 방법으로 정리했다.

14. 실습은 모체소스와 파생소스를 먼저 하도록 구성하였다.

15. 응용요리는 전국기능경진대회 메뉴를 수록하였다.

※ 사진에 있는 재료와 양목표에 표시된 재료 및 분량은 다를 수 있음

한눈에 볼 수 있는 재료 | 필요한 재료 | 요리 만드는 과정 | 요리이름

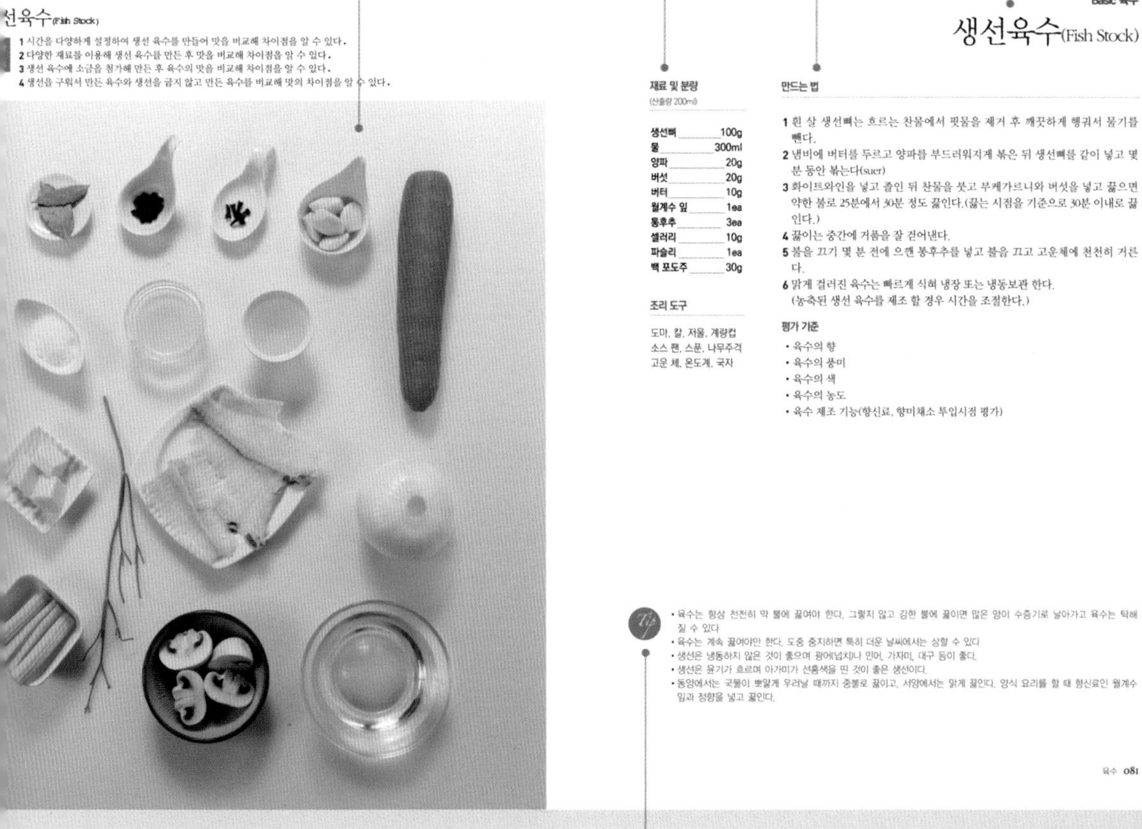

선육수(Fish Stock)

1 시간을 다양하게 설정하여 생선 육수를 만들어 맛을 비교해 차이점을 알 수 있다.
2 다양한 재료를 이용해 생선 육수를 만든 후 맛을 비교해 차이점을 알 수 있다.
3 생선 육수에 소금을 첨가해 만든 후 육수의 맛을 비교해 차이점을 알 수 있다.
4 생선을 구워서 만든 육수와 생선을 굽지 않고 만든 육수를 비교해 맛의 차이점을 알 수 있다.

Basic 육수

생선육수(Fish Stock)

재료 및 분량
(산출량 200ml)

재료	분량
생선뼈	100g
물	300ml
양파	20g
버섯	20g
버터	10g
월계수 잎	1ea
통후추	3ea
셀러리	10g
파슬리	1ea
백 포도주	30g

조리 도구

도마, 칼, 저울, 계량컵
소스 팬, 스푼, 나무주걱
고운 체, 온도계, 국자

만드는 법

1 흰 살 생선뼈는 흐르는 찬물에서 핏물을 제거 후 깨끗하게 헹궈서 물기를 뺀다.
2 냄비에 버터를 두르고 양파를 부드러워지게 볶은 뒤 생선뼈를 같이 넣고 몇 분 동안 볶는다(suer)
3 화이트와인을 넣고 졸인 뒤 찬물을 붓고 부케가르니와 버섯을 넣고 끓으면 약한 불로 25분에서 30분 정도 끓인다.(끓는 시점을 기준으로 30분 이내로 끓인다.)
4 끓이는 중간에 거품을 잘 걷어낸다.
5 불을 끄기 몇 분 전에 으깬 통후추를 넣고 불을 끄고 고운체에 천천히 거른다.
6 맑게 걸러진 육수는 빠르게 식혀 냉장 또는 냉동보관 한다.
(농축된 생선 육수를 제조 할 경우 시간을 조절한다.)

평가 기준

- 육수의 향
- 육수의 풍미
- 육수의 색
- 육수의 농도
- 육수 제조 기능(향신료, 향미채소 투입시점 평가)

Tip

- 육수는 항상 천천히 약 불에 끓여야 한다. 그렇지 않고 강한 불에 끓이면 많은 양이 수증기로 날아가고 육수는 탁해질 수 있다
- 육수는 계속 끓여야만 한다. 도중 중지하면 특히 더운 날씨에서는 상할 수 있다
- 생선은 냉동하지 않은 것이 좋으며 광어(넙치)나 민어, 가자미, 대구 등이 좋다.
- 생선은 윤기가 흐르며 아가미가 선홍색을 띤 것이 좋은 생선이다.
- 동양에서는 국물이 뽀얗게 우러날 때까지 중불로 끓이고, 서양에서는 맑게 끓인다. 양식 요리를 할 때 향신료인 월계수 잎과 정향을 넣고 끓인다.

육수 081

저자의 노하우가 담긴 팁

도량형 환산표

조리할 때 도량은 중요하다. 서양요리는 정확한 계량이 요리의 맛을 좌우하므로 기본적인 도량형을 기억할 필요가 있다.

무게

영국식	미터법
1/2oz	15g
1oz	30g
2oz	60g
4oz	120g
5oz	150g
6oz	180g
8oz	240g
1oz(16oz)	480g

오븐온도

˚F(화씨)	GAS	˚C(섭씨)
250	1/2	120
275	1	140
300	2	150
400	6	200
450	8	230
475	9	240
500	10	260

표준 : 1oz = 28.35g, 11b = 16oz, 1g = 0.35g, 1kg = 2.21b
※ 조리할 때 사용되는 일반적인 계량법

물의 계량단위

영국식	미터법	미국식
1/2 floz	15ml	1 tbsp
1 floz	30ml	1/8 cup
4 floz	125ml	1/2 cup
5 floz(1/4 pint)	150ml	2/3 cup
8 floz	250ml	1 cup(1/2 cup)
10 floz(1/2 pint)	300ml	1¼ cups
16 floz(1/2 pint)	500ml	2 cup(1 pint)
1¾ pint	1 litre	2 qt(4 cups)
3¼ pint	2 litre	2 quarts

길이 : 1cm = 0.3in., 1in. = 2.5cm
※ 조리할 때 사용되는 일반적인 계량법

12 Basic Sauce
이론편

❖ 서양요리의 역사와 특징
❖ 육수의 이해
❖ 소스의 이해

1장

서양요리의
역사와 특징

1장
서양요리의 역사와 특징

서양요리의 역사

음식은 그 지방의 자연환경 및 역사와 문화의 영향을 많이 받기 때문에 그 나라 식생활 양식의 특징을 잘 나타낸다. 서양요리를 이해하기 위해서는 그들의 식문화, 국민성, 자연환경과 지형학적 위치를 잘 살펴봐야 한다. 서양요리의 역사를 짧게 요약하기가 쉽지 않지만 여기서는 프랑스를 중심으로 살펴보도록 하겠다.

고대에는 동서양의 요리역사가 비슷했다고 볼 수 있다. 인간은 동물보다 우수한 두뇌를 가졌으므로 원시적이기는 하나 도구를 발명하기에 이르렀다.

인간의 식생활 변화는 불의 발견과 더불어 시작되었다고 볼 수 있다. 요리에 불을 사용함으로써 조리방법과 도구의 발달에 변화를 가져왔다. 또 수렵생활을 하면서 동물을 사육하는 법, 농사짓는 법을 발견하여 곡물을 경작하게 되었고 이는 인간의 식생활에 지대한 영향을 끼쳐 조리법에도 많은 발전을 가져오게 되었다.

고대 여러 문명의 요리에서 이집트의 요리에 대해 많은 것이 알려져 있다. 이 시기의 조리법 등이 현재 책으로 남아 있지는 않지만 이집트 상형문자로 그려진 제빵, 요리사들의 작업 모습 등이 피라미드와 무덤 등의 벽화나 점토 평판에서 발견되었으며 그 시대 나일강에는 채소, 과일나무, 포도, 닭, 생선, 달걀 등이 풍부하였고 제과, 제빵 기술이 유명하여 제빵인들이 이집트에서 존경을 받았다.

페르시아는 화려한 연희와 축제로 유명하였다. 페르시아의 전설적 과일인 마멀레이드(marmalade)와 좋은 포도주는 모든 축제일에 풍부하고 정성스럽게 황금용기에 담겨 차려졌다. 페르시아인들이 만든 음식 중 몇 종류는 오늘날에도 전 세계적으로 널리 애용하는 메뉴가 되고 있다.

중세 초기시대와 고대시대를 구별짓는 것은 음식을 구워 먹는 방법인데 이는 오히려 퇴보되었다. 다시 말하면 고대시대에는 약한 불이나 가마솥에 굽는 방법을 사용했지만, 중세에는 더 이상 커다란 화덕에 장작더미를 넣고 굽는 조리방법은 사용하지 않았다. 13세기 초에는 건축가들이 주방 안에 조리대를 설치하기 시작했으며, 13세기 말경에는 가마솥에서 굽거나 소스를 곁들여 구미를 돋우는 조리방식을 채택하였다.

로마인들은 그리스인들의 요리보다 더욱 섬세하고 맛있는 그들만의 요리를 개발하였으며, 연회나 식도락적인 축제가 발전·번창하였다.

그 시대의 요리는 항상 짜고 단것이 인기있었으며, 유일하게 새로운 것이 있었다면 지방산물의 도입과 과일을 내놓는 것뿐이었다. 식사법의 경우 손을 사용하는 습관이나 포크를 사용하는 등의 이탈리아식의 영향을 많이 받았다. 조리방법으로는 약한 불로 오래 끓인다거나 나무 위에서 직접 굽거나, 간접적으로 화덕에 굽는 등의 여러 가지가 있었다. 밀가루로 빵이나 과자를 만들어 꿀을 발라 먹었으며, 포도주는 5~7년 정도 저장했다 마시곤 했다.

14세기 이후에는 소스의 사용이 조리기술 중 으뜸으로 평가되었고 이 시대의 대연회에서는 화려한 요리들이 연출되었는데 이때 조리기구들이 많이 개발되었다. 프랑스의 선조들인 골(Goul)족은 서양요리의 원조라고 한다. 독일은 소시지, 감자, 사우어크라우트(양배추 절임) 등과 돼지고기 요리가 발달했지만, 영국 같은 곳은 식문화가 덜 발달했는데 이것은 그 나라의 역사, 문화, 풍토와도 밀접한 관계가 있다.

16세기 초기까지 프랑스 요리는 영국의 요리와 같이 창조력이 없었지만, 17세기에는 프랑수아 1세 치하에서 요리기술이 더욱 발달했으며 르네상스의 세련미가 요리에까지 파급되어 예술의 경지에 이르기 시작했다.

프랑스 요리의 근대적 발달의 근본은 1553년 오를레앙 공작(국왕 앙리 2세)이 메디치가의 카트린과 결혼하면서부터이다. 그때 그녀는 피렌체 출신의 조리사들과 함께 프랑스로 왔는데 메디치가는 향신료의 풍미를 자랑하기로 유명하였다. (프랑스 요리는 이탈리아에서 수입된 것임) 1691년에는 마시알로(Massialot)가 펴낸 *Cuisinier Royal et Bourgeois*가 있었다. 17세기 중기 요리의 유행은 단순한 것을 지향하였고 과도하게 낭비되었던 데커레이션보다 맛에 치중하게 되었다. 1755년에 태어난 브릴라사바랭(Brillasavarin)은 조리의 변혁을 느끼고 인정한 최초의 인물이었다. 그는 판사이자 유명한 미식가였는데 『미각의 철학』이라는 책을 저술하였다. 17세기 말경에는 고전요리가 유명한데 프랑스 고전요리에는 신선한 식재료, 재능 있는 조리사, 예술적인 표현양식, 맛을 아는 고객 등 여러 요소들이 완벽하게 짜인 메뉴들로 구성되었다. 그 후 여러 사람들의 노력이 19세기까지 이어지고 20세기에 접어들면서 오귀스트 에스코피에(Auguste Escoffier : 1846~1935)의 출현으로 현재까지의 프랑스 요리가 체계적으로 정리되었다.

오늘날 우리가 접하는 주방 시스템과 식당의 통합조정운영을 시도하여 성공한 것, 현재의 음식 서브순서 그리고 고품위 음식 서비스의 기틀을 만든 것도 그였다. 그는 프랑스 정부로부터 1920년 레지옹 도뇌르 훈장을 수여받았으며 후에 귀족단체의 정회원이 되어 모든 조리사의 사회적인 지위와 명예를 높이는 데도 큰 공헌을 하였다. 오늘날 요리전문가 및 미식가, 조리사 중 그가 만든 조리법을 이용하지 않는 사람은 단 한 사람도 없다. 이상의 서양요리 역사를 도표로 정리하여 보면 다음과 같다.

연도	내용
기원전 300년	• 알렉산더 대왕 시절 토굴에 눈을 채워 냉장시설을 만듦 • 시저(Julius Caesar)는 알프스의 눈 또는 얼음을 사용하여 와인이나 우유를 차갑게 하여 마심
기원전 272년	• 빵과 과자가 다른 개념으로 분리되기 시작하여 제과·제빵의 문화가 발전
기원전 200년	• 로크포르(roquefort) 치즈의 탄생
기원전 46년	• 제과·제빵사가 법적으로 인정받는 직업이 됨
1~3세기	• '가리아'라고 불리었던 시절 • 프랑스의 햄은 고대인에게 귀중하게 여겨짐
8세기	• 머스터드의 산지는 디종으로 알려짐
9세기	• 커피 원두가 아프리카에서 발견됨
11세기	• 일반적인 꿀주(꿀酒)나 맥주 외에 와인이 보급됨 • 향신료의 발견은 혁명적, 고기의 부패나 냄새를 잡고 음식의 맛을 좋게 함 • 십자군에 의해 설탕, 아몬드, 피스타치오, 시금치의 보급과 향신료 사용의 확대

연도	내용
12세기	• 스위스의 그뤼에르 숲에서 그뤼에르 치즈 탄생 • '홉'을 사용한 맥주가 독일에서 탄생 • 1183년, 현 파리 중앙시장의 초기형태 탄생
13세기	• 사과로 담근 와인인 시드르(cidre)를 마시기 시작 • 13세기 초, 주방 안에 조리대 설치 시작 • 13세기 말, 가마솥에 굽거나 소스를 곁들여 구미를 돋우는 방식 채택
14세기	• 소스의 사용이 조리기술의 으뜸으로 평가됨 • 프랑스의 선조인 굴루아(Goulios)족이 서양요리의 원조 • 1370년, 프랑스 찰스 5세의 요리사 기욤 티렐(Guillaume Tirel)의 요리백과사전 『르 비앙드(*Le Viande*)』 출간
15세기	• 브르타뉴(Bretagne) 지방에서 크레페(Crepe)의 원형 탄생 • 궁궐에서 이탈리아산 파마산(Parmesan)치즈와 마카로니 소개 • 콜럼버스가 서인도제도에서 올스파이스(All Spice), 바닐라 등의 단맛나는 식물 줄기 발견 • 1493년, 콜럼버스가 미국대륙으로부터 올스파이스, 바닐라 등의 향신료를 스페인으로 유입
16세기	• 르네상스 신풍이 프랑스에 퍼져 당시의 선진국인 영국문화의 영향을 받은 요리나 식생활 문화가 크게 변화됨 • 미국대륙으로부터 옥수수가 유입됨 • 페루에서 중앙 아메리카, 멕시코를 거쳐 유럽으로 토마토가 유입 • 1521년, 스페인의 코르테스 장군(1485~1548)이 아스테카 왕국을 정복해 마시는 초콜릿 유입됨 • 1533년, 메디치가(家)의 카트린 공주와 앙리 2세(1519~1559)의 결혼식에서 카트린의 수행 요리사로부터 당시 최고 수준의 요리가 선보여짐. 프랑스 요리가 발달되기 시작함. 포크 사용하기 시작 • 1571년, 콩피즈리(confiserie, 캔디나 봉봉, 캐러멜 등) 발달 • 프랑스 요리의 중요한 저서 플라티나(B. Platina)의 *De Honeste Volupatate*의 번역본 출간됨
17세기	• 영국에 홍차 유입됨 • 칼의 끝부분이 현재와 같이 둥근 모양이 됨 • 당근, 오이, 콜리플라워가 일반화됨 • 일반인에게도 셔벗이 보급됨 • 완두콩(Green Peas)이 궁중에서 유행함 • 1615년, 스페인 공주 안 도트리슈(Anne d'Autriche)가 당시의 프랑스 왕 루이 13세와 결혼. 프랑스에 초콜릿, 생크림 등장 • 1638~1715년(루이 14세) 프랑스 요리의 황금시대 • 1651년, 프랑스 작가 라 바렌의 『프랑스 요리인』 요리책에 채소요리 소개됨 • 1654년, 음식의 맛이란 조리로 인해 가려져선 안 되며 단순한 자연적 조리로 해야 한다고 주장한 니톨라드 본 풍스가 *Le Delica de la Champagne*를 씀 • 1668년, 돔 페리뇽이 발포주인 샴페인 코르크 마개를 발명 • 1686년, 현존하는 가장 오래된 카페인 'Le Procope'가 파리에서 문을 엶 • 17세기 말, 파리의 빵집에서 발효시킨 빵 등장 • 크리스털 재질의 글라스 탄생 • 차, 커피, 코코아, 아이스크림 등 출현 • 돔 페리뇽(Dom Perignon) 샴페인 발명 • 바르네가 프랑스 요리에 대한 기법과 예절 등을 기록한 책 발간. 소스의 농도를 조절하는 루의 개발 및 사용방법 소개. 향신료 다발 '부케가르니'를 대중화하는 데 크게 기여함

연도	내용
18세기	• 독일에서 자기(磁器)가 만들어짐 • 카페오레 유행함 • 로스트비프, 카레 등이 영국으로부터 전래됨 • 스푼(Spoon) 보급 • 부용 큐브 탄생 • 알렉산더 뒤마가 『요리대사전』 발행 • 18세기 초, 프랑스의 미르포아 백작이 양파, 셀러리, 당근을 스톡의 향과 풍미를 높이기 위해 사용하며 객관화됨
19세기	• 1820년, 현재의 제과용 짤주머니(Piping Bag)와 거품기 발명 • 1825년, 브리아 사바랭 『미식 예찬』 발간 • 1783~1833년, 카렘이 수백 가지의 현대식 소스의 질 높은 생산방식을 소개함 • 1837년, 액체형태의 초콜릿이 고체형태로 바뀌어 대중화됨 • 1858년, 제빙기 등장 • 1869년, 마가린 등장 • 19세기 말, 영국에서 카레가 가정식의 한 메뉴로 정착됨 • 1885년, 르 꼬르동 블루 요리학교 설립, 전통적인 프랑스 요리가 시작됨 • 벨루테, 홀랜다이즈가 소개되고 토마토 소스, 케첩, 마요네즈 등이 만들어짐 • 모체소스와 파생소스의 개념이 체계화됨
20세기	• 1900년 미슐랭 설립 • 1922년 냉장고 출시 • 진공요리 시작 • Cook–chill 조리법 • 조르주 오귀스트 에스코피에(George Auguste Escoffier, 1846~1935)의 저서 *Le Guide Culinaire*의 1912년 발간을 통해 요리사들의 업적 정리, 현대 주방시스템 창시, 레종 도뇌르 훈장 수상 • 1966년, 니스에 위치한 본인의 생가에 조리예술박물관 건립 • 뒤부아(Dubois)의 러시아식 음식 서비스 방법 도입 • 페르낭 포앵(Fernand Point, 1897~1955)은 1940~1950년대에 걸쳐 비인에스 레스토랑을 경영하며 그 지역에 맞는 요리법의 개발을 강조함으로써 새로운 음식을 창작할 수 있는 토대 마련 • 알랭 뒤카스는 1984년 두 개의 미슐랭 스타 획득, 2000년 일본에 스푼 푸드 앤드 와인 레스토랑 오픈 • 폴 보규즈는 가족 대대로 프랑스 사온 강가에서 식당을 경영, 리옹 지방을 미식가의 메카로 만들고 프랑스의 정통 요리법을 전파 • 1972년, 요리 평론가 H. Gault와 C. Millau에 의해 처음으로 누벨 퀴진이 등장

오늘날 요리는 점점 더 간편해지고 있다. 즉 자연적이고 가벼운 음식(비만 방지)을 지향하고 있으며, 이 가볍고 자연적이란 말은 알랭 샤펠(Alain Chapel)과 같은 유명한 요리 사와 함께 누벨 퀴진(nouvelle cuisine)이란 말을 탄생시켰다.

서양요리의 특징

프랑스를 비롯하여 이탈리아, 독일, 영국 등 서유럽지역에서 발전된 전통음식과 미국 스타일의 음식을 포함하여 서양요리라고 한다. 각 나라별로 특산물, 기후, 풍토, 민족성 등에 따라 그 나라의 실정과 기술에 따라 다양한 음식문화가 발전 계승되고 있으며 그 특징은 다음과 같다.

1. 향신료의 사용이 다양하다

요리는 재료 특유의 향에 따라 맛의 차이가 있다. 이것은 향신료와 요리의 맛, 재료의 향이 조화를 이루기 때문이다. 요리가 맛있어도 요리에 향이 없으면 그 목적을 달성할 수 없다. 향신료 사용이 동서양에서 서로 다른 것은 주식이 다르기 때문인데 이는 크게 쌀과 밀을 주식으로 하는 지역으로 구분된다.

향신료는 세계사적으로 볼 때 우리가 알고 있는 것 이상의 중요성을 갖고 있다. 콜럼버스의 아메리카 대륙의 발견, 바스코 다 가마의 인도항로 개척, 마젤란의 세계일주 등 세계 역사에 관여한 부분이 크다. 향신료를 얻기 위해 항로를 개척하였고 또 이것이 유럽이 세계로 진출하는 하나의 계기가 되었으며 세계의 식민지화도 이때 시작되었다.

당시 유럽에서 왜 향신료가 인기가 있었는지를 살펴보면, 첫째로 당시 유럽의 음식이 맛이 없었기 때문이다. 교통이 발달하지 않았고 냉장시설이 없던 시대라 향신료로 맛을 내거나 보관하지 않으면 먹기가 힘들었다. 둘째로 의약품으로 사용되었다. 당시 서양의학도 유치하여 모든 병이 악풍(惡風)에 의하여 발생한다고 믿고 있었다. 즉 썩은 냄새를 없애려면 향신료가 좋다고 믿고 있었다. 예를 들면 런던에 콜레라가 유행했을 때 환자가 발생한 집에 후추를 태워 소독을 했다. 사실 향신료에는 어느 정도의 약효와 소독효과도 있어 현재까지도 한방용으로 사용되는 것도 있다. 셋째로 미약으로도 사용되었다. 향신료의 성분과 호르몬의 상관관계는 아직 분명하지 않으나 약효가 있다고 믿으면 큰 효과를 볼 때도 있기 때문이다.

이와 같이 향신료는 음식에 넣었을 때 음식의 맛과 향취를 증진시키는 작용과 함께 방부제의 역할도 한다.

2. 음식에 소스를 곁들인다

소스의 어원은 라틴어의 sal에서 유래하였으며 소금을 의미한다. 서양요리에서는 수프를 제외한 모든 요리에 소스가 들어간다. 그만큼 소스가 중요하다. 소스의 역할은 요리의 향미를 더해주고 맛을 좋게 할 뿐만 아니라 시각적인 면도 가지고 있다. 또 식욕을 증진시키며 영양과 향을 더 좋게 한다. 소스가 들어감으로써 요리가 한층 더 좋아진다는 것은 누구나 아는 사실이다.

훌륭한 요리사는 그가 만든 소스에 의해 요리의 질이 결정됐다. 주방을 하나의 오케스트라로 비유하면 소스를 만드는 요리사는 솔리스트이다. 그 이유는 좋은 소스는 각 요리에 수반되기 때문이다. 실제로 주방에서 만드는 소스가 많다는 것은 주방에서 할 수 있는 요리가 풍부하다는 뜻이 된다. 위대한 요리 거장인 카렘(Caréme)은 요리에서 소스는 언어에서의 문법이고 음악에서의 멜로디와 같다며 소스의 중요성을 강조하였다. 18, 19세기의 영국은 버터, 크림, 달걀을 많이 사용하였으며 소스의 감칠맛을 더하기 위해 송아지, 생선, 닭 육수를 사용하였다. 20세기에는 오귀스트 에스코피에(Auguste Escoffier)가 조리의 과학화를 주장하며 겉만 화려하고 맛이 없던 요리에 걸쭉한 소스를 지양하고 좀 더 묽게 표현해 야 한다고 주장하였다.

소스 사용 시 주의할 점은 소스의 향이 음식의 맛을 압도하면 안 되고 소스의 농도가 너무 묽으면 원래 요리의 맛을 떨어뜨린다는 것이다. 소스는 육수와 농후제로 구성되어 있으며 다른 재료를 첨가하면 또 다른 응용된 소스가 만들어진다.

3. 오븐을 사용하는 건열조리방법을 많이 이용한다

서양요리에서는 오븐을 이용한 건열조리방법을 많이 이용해서 식품의 향미와 맛을 그대로 살리는 특징이 있다. 이는 오븐의 공기대류현상을 이용한 간접열 조리방법으로 대개

170~240℃의 온도에서 이루어진다. 조리속도는 느리지만 음식물의 표면에 접촉되는 건조한 열은 표면을 빠르게 구워 그 맛을 높여준다.

4. 상차림이 시간전개형이다

서양요리는 테이블에 앉아 식사를 할 때 일정한 서비스 절차에 따라 전채, 수프, 메인요리, 후식 등으로 구성되어 서비스된다. 한 가지 음식 후에 다른 음식이 나오는 시간전개형의 식사이다.

전채요리는 메인요리 전에 식욕을 돋우는 요리이다. 오르되브르(hors d'oeuvre)는 영어로 애피타이저(appetizer)이고 우리말로는 전채라 한다. 동양에서는 여러 가지 재료를 썰어 섞은 것을 채라 하였고 갖가지 나물의 총칭이기도 하다. 오르되브르는 13세기에 마르코 폴로가 중국을 다녀오면서 중국의 냉채요리를 모방하여 창안한 것이 이탈리아에서 프랑스로 건너가 발전했다는 설이 있다. 오늘날 전채는 서양요리에서 빼놓을 수 없는 역할을 한다. 따라서 오르되브르는 언제나 그 조리법이 다양하고 재치 있는 기술을 구사하여 시각과 미각을 동시에 끌 수 있도록 만들어야 한다.

수프는 육류, 생선, 채소, 뼈 등을 단독 또는 혼합하여 향신료를 넣고 찬물에 약한 불로 오래 삶아 우려낸 육수를 기초로 하여 만든 요리이다. 서양요리에는 국물이 주가 되는 것과 건더기가 주가 되는 수프가 있는데 뒤에 오는 메인요리와 잘 맞아야 한다. 수프는 어느 나라에서도 메인요리 전에 먹는 음식으로 식욕촉진의 역할을 한다. 수프는 일반적으로 질기거나 양이 너무 많으면 안 된다. 원래 수프의 총칭은 포타주(potage)이다. 이는 프랑스어에서 나온 용어인데 어원적으로 보면 pot에서 익힌 요리라는 의미와 얇게 썰어 빵 위에 국물을 부어 먹었다는(tremper la soupe) 두 단어의 합성어이다. 이후 18세기경에 포타주(potage)는 soupe(프랑스어), soup(영어)로 불리게 되었다.

샐러드는 찬 요리에 소스를 곁들인 것이라고 생각하면 된다. 샐러드의 기본적인 요소는 바탕, 본체, 소스 곁들임으로 구성되어 있다. 원래 샐러드는 소금을 뿌려 먹던 습관에서 생긴 것으로 기원전 그리스, 로마 시대부터 먹었던 것으로 되어 있다. 채소 중에서 약초에 해당되는 마늘, 파슬리, 셀러리 등을 소화에 도움을 주기 위해 육류요리와 함께 섭취하였다. 현대사회와 같이 육류를 많이 섭취하는 시대에 알칼리성인 채소는 꼭 필요한 요소이다. 샐러드 재료는 다양하지만 주로 양상추를 이용한 샐러드가 많다. 샐러드 재료는 필수아미노산과 미네랄을 제공한다. 그리고 가벼운 샐러드와 비중 있는 주식요리, 비중 있는 샐러드와 가벼운 주식요리라는 법칙은 항상 지켜져야 한다. 샐러드드레싱은 미국의 영향을 받은 국가에서 많이 쓰이고 유럽에서는 소스라고 한다. 드레싱의 농도는 샐러드 위에 약간 흘러내리는 정도가 정상이다. 이와 같이 드레싱 또는 소스를 뿌림으로써 샐러드의 맛을 증가시키고 가치를 돋보이게 하며 소화에 도움이 된다. 중요한 드레싱으로 마요네즈와 프렌치 드레싱이 있다.

메인요리에는 어패류와 육류를 이용한 요리가 있다. 어패류는 성인병을 예방하고 현대인들의 건강식품으로 선호도가 증가하고 있다. 서양요리에서는 여러 가지 조리법을 응용하여 많은 미식요리의 기본이 되고 있다. 어패류는 크게 민물에서 서식하는 담수어와 바다에 사는 해수어로 나누고, 다시 형태에 따라 어류(fish), 갑각류(crustacea), 패류(shallfish)로 구분짓는다. 생선은 다른 육류보다 사후경직이 빠르게 일어난다. 담수어는 23~27℃에서, 해수어는 40~45℃에서 1~3시간 내에 경직현상이 일어나는데 사후경직은 생선의 종류, 크기, 저장방법에 따라 다르나 담수어가 해수어보다 자기소화가 빠르다. 생선은 살아 있는 상태로 조리하는 것이 가장 좋지만 대개 냉장, 냉동방법으로 선도를 유지시키고 있다.

갑각류는 껍질을 가진 해산물을 말하며 일반적으로 갑각류와 패류로 구분한다. 갑각류는 등뼈가 없으며 여러 관절로 이루어진 몸통, 다리를 갖고 있다. 갑각류에는 새우, 바닷가재, 게 등이 있다. 패류는 딱딱한 껍질을 가지고 있으며 속살은 부드럽다. 패류에는 대합조개, 홍합, 굴, 가리비 등이 있다. 어패류의 신선도는 냄새로 알 수 있으며 눈이 맑고 껍질에 광택이 있는 것이 신선한 것이다. 또한 아가미는 진홍색이며 껍질이 붙어 있는 것이 좋다. 생선의 표피를 눌렀을 때 탄력 있는 것이 좋으며 사후경직된 생선은 꼬리가 약간 올라간다.

서양요리에서 주식은 육류라고 생각할 정도로 고기는 인간에게 오래된 식품이다. 특히 단백질이 우유나 콩류보다 많으며 여러 아미노산이 적당한 배합으로 포함되어 있다. 육류는 일반적으로 소, 송아지, 돼지, 양, 가금류 등으로 구분된다. 고기를 도살하면 사후경직이 일어나는데 당의 분해와 신장력을 상실하기 때문에 고기에 칼이 안 들어갈 정도이다. 육류의 성분은 수분(결합수, 자유수), 지방(중성지질, 인지질, 기타 지질), 단백질, 탄수화물, 비타민, 무기질로 구성되어 있다. 그중에서도 특히 수분함량이 높기 때문에 높은 수준의 위생, 청결, 온도, 습도관리가 유지되지 못하면 미생물이 쉽게 번식할 수 있다.

디저트는 식사의 마지막을 장식하는 요리로 감미(sweet), 세이버리(savoury), 과일(fruit)의 3요소가 포함된 것이다. 디저트는 선사시대부터 있었으며 당시 야생꿀, 과일을 기본으로 하여 만든 단맛 나는 음식에 불과했다. 그 후에 그리스 · 로마 시대, 중세를 거쳐 다양한 조리법이 개발되었다. 오늘날 우리가 알고 있는 훌륭한 디저트들은 19세기가 지나면서부터 자리를 잡았다. 디저트가 현재와 같은 음식으로 식사 뒤에 나오게 된 것은 최근의 일이며 요리를 순서대로 한 가지씩 내놓는 러시아식 서비스 식단이 도입된 후에 유럽 전역으로 퍼지게 되었다.

디저트는 예술적으로 담아야 하지만 장식이 맛을 희생시켜서는 안 된다. 접시에 담을 때 재료의 장점, 형태, 색깔 등을 고려해서 배열해야 한다. 디저트 자체가 아무리 훌륭해도 앞서 나온 요리와 조화를 이루지 못하면 식사 전체가 엉망이 된다.

5. 음식에 따라 식기가 다르다

음식마다 사용하는 스푼, 포크, 나이프가 다르고 조리된 음식에 따라 다양한 식기를 사용한다. 스푼은 테이블 스푼, 수프 스푼 등이고 포크는 테이블 포크, 피시 포크 등이며 나이프는 피시 나이프, 테이블 나이프, 버터 나이프 등으로 구성되어 있다. 서양에서는 식기가 단지 도구로서의 의미가 아닌 식탁 품격의 기준이 되었다. 식기의 소재나 문양을 새김으로써 식탁의 이미지를 보여줄 수 있었다. 식기를 세팅할 때 같은 스타일로 통일하는 것이 보기 좋다.

6. 재료의 분량과 배합이 과학적이다

음식에 대한 분량과 배합이 체계적으로 구성되어 있어 음식의 색, 맛의 변화, 그릇에 담기까지가 합리적으로 되어 있다. 즉 식품은 덩어리로 조리하여 식탁에서 작게 썰어 먹도록 함으로써 조리에서 발생하는 영양 손실을 막을 수 있어 음식 본래의 맛을 살리는 데 효과적이다.

2장

육수(Stock)의 이해

2장
육수(Stock)의 이해

육수의 이해

육수 제조의 일반적인 목적은 육수의 중요성을 인식하고 육수를 이용한 수프, 소스의 활용도를 아는 것이다. 구체적으로 육수 레시피를 암기하고 비율을 이해하면 셰프가 된 후에 유용하게 활용할 수 있다.

소스나 수프를 만들 때 중요한 것이 육수(스톡)이다. 육수의 주재료는 쇠고기, 양고기, 닭고기, 생선 등이며 고기나 뼈를 장시간 끓여 맛있는 부분이 국물로 우러난 것이다. 육수에 채소와 월계수잎, 파슬리, 클로브, 통후추알을 한데 묶은 부케가르니(bouquet garni)를 넣으면 향미를 더해준다.

이러한 육수는 화이트 스톡과 브라운 스톡으로 구분된다. 화이트 스톡은 채소와 고기, 소의 다리뼈를 잘라서 육수 포트에 넣어 찬물을 붓고 끓이며, 브라운 스톡은 뼈, 채소를 오븐에 넣고 색을 내어 만든다. 육수를 만들 때 최소한 7~8시간 정도 천천히 끓여야 젤라틴이 스며 나오고, 고기에서는 구수한 맛이 우러나온다. 육수를 만들 때 고기의 독특한 냄새를 제거하기 위하여 셀러리, 양파, 파, 양배추, 당근 등의 채소를 가하여 끓인다. 이러한 채소류는 황 또는 화합물을 함유하기 때문에 조리과정에서 강한 자극성 냄새를 발한다. 채소류에는 비타민 C 및 칼륨, 칼슘, 인, 철 등의 무기질이 함유되어 있으므로 영양상으로 좋다. 생선 육수의 경우는 생선뼈 및 조개류를 이용하기도 한다. 어패류는 독특한 냄새와 맛을 지니고 있으며, 주로 생선요리에 사용될 소스를 만드는 데 쓰인다.

쇠고기 육수는 운동을 많이 한 부위인 넥(Neck), 생크(Shank), 양지, 사태 등을 이용해야 좋은 육수를 만들 수 있다. 우리 입맛에는 한우를 사용해야 한식요리에는 맞지만 서양요리에는 주로 수입산 쇠고기를 쓴다. 끓일 때 마늘, 대파, 후추, 당근, 양파를 넣는데 무를 넣는 셰프도 많다.

육수 제조 시 재료의 핏물을 제거하고 찬물을 부어 끓여야 육수 맛이 구수하고 감칠맛이 난다는 사실을 기억하고 처음에는 센 불에서 끓이고 나중에는 중불로 끓이는 것이 요령이다.

육수에 대한 일반적인 목적은 육수의 개념을 알고 육수의 구성요소와 육수를 활용한 제품의 원리 및 사용에 대하여 이해하는 것이다. 그리고 구체적인 목적을 열거해 보면 육수 제조 시 필요한 재료의 비율을 알고, 맑은 육수를 제조하는 데 필요한 기술상의 주의점에 대해 설명할 수 있어야 한다. 또한 육수를 색에 따라 분류하고 만드는 방법과 순서, 사용온도, 보관방법을 알아야 한다.

흰색 육수 중에 쇠고기와 닭고기 육수가 가장 많이 이용된다. 닭 육수는 용도에 따라 농도를 진하게 만들기도 하고 연하게 만들기도 한다. 닭 육수는 젤라틴이 풍부하여 향과 맛이 우수하다. 다른 육수보다 담백하고 감칠맛이 있어 수프용으로는 최상이다. 닭 육수에는 닭고기 특유의 누린내를 제거하기 위해서 통마늘, 대파를 넣는다. (양파는 단맛 때문에 넣지 않는 셰프들이 많다.)

생선 육수는 생선 살과 뼈를 끓인 것인데 육수에는 주로 흰살생선을 사용한다. 생선 육수는 화이트와인, 레몬, 향미채소, 향신료를 넣고 짧은 시간 동안 잠깐 끓여야 비린내를 줄일 수 있다. 생선 육수는 서양요리에 많이 쓰이는데 주로 생선요리, 생선수프 등에 쓰인다. 생선 육수를 만들기 위해서는 생선 손질요령을 알아야 한다.

육수의 경우 주로 갈색은 육류에 많이 이용하고, 그 외의 음식에는 흰색을 사용한다. 그리고 육수와 비슷한 개념의 용어인 '부용(bouillon)'은 고기, 향미채소, 향신료 등을 넣고 고아낸 국물로 만들어지며 주로 수프를 만드는 데 사용한다. 육수는 루와 기타 재료를 넣어서 활용하기 위한 모체소스를 만드는 데 사용한다. 소스는 육수의 질에 따라 맛이 좌우되므로 소스를 맛있게 만들기 위해서는 좋은 재료로 만드는 기초 육수가 좋아야 한다. 육수의 표준조리법은 좋은 품질의 식재료와 정확한 양의 고기, 향신료, 채소, 소뼈, 닭뼈를 찬물에 넣어 은근히 끓이는 것이다. 좋은 품질의 육수는 재료의 정확한 양과 정성으로 만들어진다고 할 수 있을 정도로 시간과 노력이 필요하다. 육수는 크게 흰색과 갈색으로 구분하고 재료별 육수는 대개 5가지로 구분한다. 특히 갈색 육수는 서양요리 중에서 가장 많이 사용되는데 이유는 갈색 육수로 갈색 소스를 만들기 때문이다.

육수의 분류

	분류	기본재료	모체
Stock	갈색 육수	쇠고기 갈색 육수	Brown Beef Stock
	흰색 육수	쇠고기 닭 생선	White Beef Stock Chicken Stock Fish Stock
	육수	식초, 향신료	Court-bouillon
Bouillon	부용	쇠고기 닭 생선	Beef Bouillon Chicken Bouillon Fish Bouillon

육수 : 고기, 뼈, 향미채소 등을 넣고 끓인 것(소스용)
부용 : 고기, 향미채소 등을 넣고 끓인 것(수프용)

육수를 이해하기 위해서는 다음의 내용을 숙지해야 한다. 경희대 소스연구회에서 제시한 생선을 제외한 일반적인 레시피를 소개하면 물 4L에 뼈 2kg, 향미채소(당근, 양파, 셀러리)와 부케가르니 500g을 넣고 후추를 10알 넣는 것이다.

투명한 수프를 만들기 위해서는 스톡을 깨끗이 만드는 것이 중요하다. 그러기 위해서는 고기나 뼈들이 스톡의 팬에 더해지기 전에 붙어 있는 지방을 손질해 주어야 한다. 그리고 대부분의 채소들은 맛을 내기 위해 육수에 더해질 수 있지만, 감자는 부서지는 경향이 있어 육수를 불투명하게 하므로 이런 재료는 피하는 게 좋다.

육수 제조 시 주의사항

- 수프에 필요한 육수는 두 시간 이상 끓인 것이 좋다. 양에 따라 다르겠지만 모든 재료가 완전히 익을 때까지 천천히 끓인 후에 걸러야 한다.
- 육수로 적합한 고기는 운동을 가장 많이 한 부위를 사용하는 것이 좋다(심줄 많은 부위).
- 고기의 피는 흐르는 물에 완전히 제거해야 한다.
- 채소는 당근, 양파, 셀러리, 파, 파슬리 등 향기가 높고 감미가 높은 것이 좋다.
- 재료는 장시간 끓이므로 크게 썰어야 하며 육류와 채소를 같이 넣고 끓인 것은 바람직하지 않다. (채소는 마무리하기 한 시간 전에 넣는 것이 좋다.)
- 채소는 다른 요리를 하다 남은 찌꺼기를 사용해도 되지만 부패한 채소는 사용하면 안 된다.
- 거품을 걷어내면서 끓여야 한다. 기름이 많으면 뚜껑 역할을 하기 때문에 육수가 탁해진다. (기름 냄새의 맛이 함께 난다.)
- 부용(bouillon)은 수프를 끓이기 위한 육수이므로 질이 좋아야 제맛을 낼 수 있다. 두말할 것 없이 재료가 좋아야 한다.
- 옛날엔 육수 만드는 과정이 길어 보통 12~24시간 끓였는데, 요즘은 4~6시간만 끓여도 재료의 맛을 충분히 추출해 낼 수 있다는 것이 증명되었기 때문에 조리시간이 많이 단축되었다.

후배들에게 주는 조언 ❶

필자는 가끔 이런 생각을 해본다. 왜 프랑스, 미국, 스위스, 독일, 일본 등에서 요리를 공부하고 온 학생들의 성공이 늦을까? 하는 것이었다. 해외 유학파가 1년에 100명 정도라고 가정했을 때 10년이면 1,000명 정도 되는데 현재 국내의 특급호텔이나 대학에서 자리 잡고 있는 사람이 생각보다 적다. 그 이유가 무엇인지 국내에서 답을 얻어보려 노력했지만 답은 없고 문제점만 얻었다.

몇 가지 사례를 요약해 보면 일본의 경우 내가 아는 상식으로는 국내에서 일본으로 요리 유학을 다녀온 사람이 생각보다 적다. 공부는 요리와 제과로 구분되는데 요리 공부하러 간 사람들이 대개 어학을 많이 해서 무역이나 가이드, 한국식당에서 근무하는 친구들을 많이 보았고 일본에 일을 배우러 간 학생들은 일본요리 배울 기회가 적고 한식이나 기타 요리를 2~3년 정도 하다가 오므로 어학은 되는데 실기가 모자라 국내 주방 취업이 어렵다. 어렵게 취업을 해도 일하는 위치가 불분명하여 혼란이 많이 온다. 여자들은 대개 식공간 연출이나 개인 요리연구소를 만들어 운영한다. 일부 남학생들은 창업하거나 전문식당에서 근무하는 실정이다. 몇 년 전에는 매스컴을 통해 동경제과학교가 많이 소개되었는데 근래에는 일본이나 우리나라 경기가 안 좋아 그 학교를 비싼 돈 주고 나와도 국내에 설 자리가 적은 것이 현실이다.

미국은 다양한 요리학교를 다니는데 대개는 미국에서 취업하는 학생이 많다. 국내에 들어와도 대개는 전문식당 연구개발 팀장이나 마케팅 분야에 종사하는 사람들이 많다. 그리고 식품회사의 연구원이나 책임자 역할을 하는 사람들이 많다. 몇 분은 대학에서 공부를 하고 있다.

프랑스에서 공부한 사람들은 식품연구소, 학교, 마케팅을 담당하거나 개인연구소를 운영하고 있다. 아직 나이가 어린 관계로 호텔에 셰프가 있지는 않다. 이번에 만난 프랑스 유학생들은 꿈이 크고 향후의 진로를 정해놓은 사람들이 많았다. 앞으로는 전망이 있다고 생각한다.

3장

소스(Sauce)의 이해

3장
소스의 이해

1. 소스의 역할과 기능

고대 로마인의 요리는 제각기 개성 있고 완전히 다른 맛을 내기 위해 연구하는 것을 최고의 가치로 여겼다. 사회적 · 지리적 조건에 따라 각기 다른 재료 등을 이용하여 다양한 요리를 만들게 되었다. 중세 요리에도 소금, 후추, 설탕이 이용되었으며 17세기경에 미식가들은 하나의 요리에 하나의 소스를 사용토록 하였다.

훌륭한 요리사는 그가 만든 소스에 의해 요리의 질이 판가름 났다. 위대한 요리 거장인 카렘(Caréme)은 요리에서 소스는 언어에서의 문법이고 음악에서의 멜로디와 같다며 소스의 중요성을 강조하였다. 18, 19세기의 영국은 버터, 크림, 달걀을 많이 사용했으며, 20세기에 에스코피에(Auguste Escoffier)가 조리의 과학화를 주장하며 겉만 화려하고 맛이 없던 요리에 환상적인 장식 및 걸쭉한 소스를 지양하고 조금 더 묽게 표현(simple presentation)을 창출해야 한다고 주장하였다.

원래 소스는 냉장기술이 없을 당시 음식이 약간 변질되었을 때 맛을 감추기 위하여 요리사들이 만들어낸 것이라 한다. 하지만 고기의 질과 냉장기술이 발달된 오늘날에도 요리의 풍미를 더해주고 요리의 맛과 외형, 그리고 수분을 돋우기 위해 소스의 중요성은 강조되고 있다.

소스 사용 시 주의점은 음식의 맛을 압도하는 향신료 냄새가 나면 안 되고 소스의 농도가 너무 묽으면 요리의 원래 맛을 떨어뜨릴 수 있다는 것이다. 소스 농도의 기본은 크림농도가 좋고 소스의 색이 반짝반짝해야 하며 덩어리지는 것 없이 주르르 흐르는 정도가 이상적이다.

연회요리에서 사용되는 소스는 농도가 된 것이 바람직하고 전문식당 소스 농도는 묽지만 맛에 대해 신경을 써야 한다. 소스는 그 식당의 얼굴이라 해도 과언이 아니기 때문이다. 일반적으로 단순한 요리에는 영양이 풍부한 소스를 곁들이고 영양이 풍부한 요리에는 단순한 소스 사용이 원칙이며 색이 안 좋은 요리에는 화려한 소스, 싱거운 요리에는 강한 소스, 퍽퍽한 요리에는 수분이 많은 부드러운 소스를 사용하여 소스와 요리를 조화시키는 것이 중요하다.

소스의 역할

음식의 맛과 향미, 색깔을 좋게 하여 식욕을 증진시키고, 영양가를 높이며, 음식에 수분을 유지시켜 재료들이 서로 조화되도록 해서 요리 전체의 외관을 좋게 하여 음식의 품질을 높이는 식재료 (최수근, 『소스 이론과 실제』, 1988)

2. 소스의 분류

서양요리에서 소스는 색, 찬 소스, 더운 소스, 매운 소스, 맵지 않은 소스, 재료별로 분류한다. 현재 많이 사용하는 분류법은 마리 앙투안 카렘(Marie-Antoine Caréme, 1783-1833)이 베샤멜(Bechamel), 알망드(Allemande), 에스파뇰(Espagnol), 벨루테(Veloute)로 분류하여 사용하면서부터 시작되었다.

카렘은 여러 가지 맛들을 배합하여 맛 내는 법을 찾았으며 요리에서 불필요한 조리법과 내용물을 간소화하는 데 노력한 인물로 알려져 있다. 그 후 오귀스트 에스코피에(Auguste Escoffier, 1847-1935)가, 에스파뇰(Espagnol), 베샤멜(Bechamel), 벨루테(Veloute), 토마토

(Tomato), 홀랜다이즈(Hollandaise)로 구분했다. 그는 소스의 색에 의해 분류함으로써 셰프들의 소스 숙지에 많은 도움을 준 것으로 평가된다. 에스코피에는 지금 사용하는 주방 시스템을 창안해 냈고 러시아식 접시서비스를 도입한 장본인이기도 하다. 음식서비스 방법도 전표 세 장을 만들어 주방, 고객, 서비스맨이 각각 나누어 가지게 하였다. 그 외에도 전표에 고객의 특징, 선호음식 등을 기입하여 맞춤서비스를 함으로써 고객의 칭송을 받기도 하였다.

1988년에 출간한 필자의 저서 『소스 이론과 실제』에서 소개한 소스는 4개의 군과 10개의 계와 14개의 모체소스로 정리돼 있다. 4개의 군은 육수소스군, 유지소스군, 특별소스군, 후식소스군으로 나누고, 다시 10개의 소스계로 나누었는데 육수소스군은 갈색 육수소스계, 흰색 육수소스계, 토마토 소스계, 우유 소스계로, 유지소스군은 식용유 소스계와 버터 소스계로 구분하고, 특별소스군은 특별 온 소스계, 특별 찬 소스계로 나누었다. 마지막으로 후식소스군은 크림 소스계와 리큐어 소스계로 나누어 표를 만들어 소개한 적이 있다.

요즘의 경우 소스 분류표를 보고 셰프들이 소스를 이해하는 데 도움을 주어야 한다. 특히 소스를 배우는 초보 조리사들에게 필요한 소스 분류법은 갈색, 흰색, 적색, 노란색, 황금색 등의 색으로 구분하는 것이다. 이것은 국제적으로 가장 많이 사용하는 소스 분류법이다. 그리고 전문가들이 선호하는 주재료별 소스 분류법에는 5가지 기본 식재료(육수, 우유, 토마토, 식초, 설탕)와 12가지 모체소스(비프 그레이비 소스, 알망드 소스, 화이트와인 소스, 슈프림 소스, 토마토 소스, 베샤멜 소스, 식초소스, 마요네즈 소스, 홀랜다이즈 소스, 화이트버터 소스, 오렌지 소스, 크림소스) 등이 있다.

소스의 경우 이해하기 쉽고 숙지하는 데 도움을 주는 두 가지 분류법을 소개해 보겠다.

1) 색에 의한 소스 분류표

색에 의한 분류표(5모체소스)

색	모체소스	파생소스	응용요리
갈색	Demi glace	Pepper Sauce	브라운 그레이비 소스를 곁들인 솔즈베리 스테이크
황금색	Allemande Sauce Supreme Sauce Vin Blanc Sauce	Ravigote Ivory Normand	알망드 소스를 곁들인 닭다리요리 슈프림 소스를 곁들인 치킨 알라킹 화이트와인 소스를 곁들인 광어요리
흰색	Bechamel Sauce	Mornay Garlic Coulis	베샤멜 소스를 곁들인 솔 모르네이
적색	Tomato Sauce	Italian Sauce Pizza Sauce	토마토 소스를 곁들인 해산물 스파게티
노란색	Holiandaise Sauce	Bearnaise	파슬리 홀랜다이즈 소스를 곁들인 생선요리

2) 주재료에 의한 분류(5군 12모체)

다음은 주재료 사용에 따른 분류표를 소개한다. 이 분류표는 프랑스에서 사용하는 분류표와 우리나라에서 실제로 만드는 사람이 알기 쉽게 정리한 것으로 소스 주재료를 크게 5군으로 분류하고, 다시 모체소스를 12개로 구분하여 모체소스와 파생소스를 구분하였다. 많이 사용되는 파생소스가 모체소스로 사용되는 경우도 있다. 여기서는 많이 사용하는 것을 중심으로 구분했다.

주재료에 의한 (5군 12모체) 분류

	모체소스	파생소스	응용요리
육수	Demi glace Allemande Sauce Supreme Sauce Vin Blanc Sauce	Pepper Sauce Mushroom Hungarian Bercy	브라운 그레이비 소스를 곁들인 솔즈베리 스테이크 알망드 소스를 곁들인 닭다리요리 슈프림 소스를 곁들인 치킨 알라킹 화이트와인 소스를 곁들인 광어요리
우유	Bechamel	Mornay Garlic Coulis	베샤멜 소스를 곁들인 솔 모르네이 마늘 크림 소스를 곁들인 새우 프렌치 프라이
토마토	Tomato	Italian Sauce Pizza Sauce	토마토 소스를 곁들인 해산물 스파게티
기름/식초	Mayonnaise French Hollandaise White Butter	Thousand Island Tartar	마요네즈를 곁들인 햄, 채소 샐러드 월도프 샐러드
설탕	Vanilla Orange	Anglaise Sabayon	바닐라 소스를 곁들인 오렌지 수플레

3. 농후제(Common thickening agents)

농후제(Common thickening agents)는 소스나 수프를 걸쭉하게 하여 농도를 내며 풍미를 더해주는 것으로 여러 가지 방법이 있다.

1) 루(Roux)

이 중에서 가장 대표적인 것이 루(Roux)인데 농후제(Common thickening agents)로 쓰일 경우 너무 되지 않게 사용해야 한다. 이유는 현대에 와서 소스를 가볍게 쓰는 경향이 있기 때문이다. 그리고 루(Roux)는 요리의 재료로 생각하여 정의하는 데 있어 몇 가지 알아야 할 점이 있다.

요리에서 루는 옅은 갈색이 나도록 볶아진 버터와 밀가루의 혼합물이다. 그리고 밀가루와 버터의 양은 늘 일정한 비율이 좋다. 일반적으로 찬 육수와 더운 육수 중 어느 것을 이용해도 되지만 찬 육수의 경우 불 위에서 데울 때 풀릴 때까지 계속 저어주어야 한다. 그리고 더운 육수를 사용할 경우엔 육수를 조금씩 넣으면서 풀어주어야 한다. 특히 루는 차게 해서 사용해야 한다. 그래야 덩어리지는 현상을 막을 수 있으며 다양한 소스를 완벽하고 균일하게 할 수 있다. 그리고 농후제를 넣은 뒤 너무 오래 끓여도 안 되며 불에서 내릴 때까지 계속 저어주어야 한다.

밀가루와 지방을 약한 불에서 천천히 조리한 혼합물로서 소스나 육수의 농도를 되게 할 때나, 특별한 풍미를 내려 할 때 쓰인다.

기본적으로 화이트(white), 블론드(blond), 브라운(brown)의 3종류가 있다.

화이트 루(White Roux) : 색깔이 나지 않을 정도로 생밀가루의 맛이 없어질 때까지 볶아준다.

블론드 루(Blond Roux or Pale Roux) : 약간의 갈색이 날 정도까지 볶아준다.

브라운 루(Brown Roux) : 황금색의 갈색이 날 때까지 볶아준다.

동물성 지방에서 조리된 밀가루는 높은 열에 의해 효소(Amylase)가 파괴되어 걸쭉하게 만드는 힘이 떨어진다. 그래서 브라운 루(Brown Roux)가 화이트 루(White Roux)보다 농도가 훨씬 약하다.

동물설 지방에서 볶아준 밀가루는 고소한 맛(toasty)과 견과류 같은 맛(nutty)을 내준다.

일반적인 루(Roux)는 60%의 다목적용 밀가루와 40%의 지방을 넣어 만든다.

전형적으로 지방은 연소점이 높은 중성오일이나 정제버터를 사용한다.

루(Roux)에 의해서 걸쭉해진 음식은 대부분 불투명한 선명도를 낸다.

루(Roux)의 걸쭉함이 가장 잘 나타날 때는 더해진 액체의 온도가 85~93℃에 다다를 때이다.

＊ 루(Roux) 사용 시 주의점

• 응어리를 피하기 위해 지나친 온도차이는 피하도록 한다.

• 차갑거나 실온에 두었던 루(Roux)는 차가운 루(Roux)보다 뜨거운 액체에 잘 섞인다.

차가우면 지방(fat)이 굳기(solid) 때문이다.

- 아주 뜨거운 루(Roux)의 사용은 피하도록 한다. 아주 높은 온도의 루(Roux)를 액체에 섞어줄 때 액체방울들이 튀어서 화상 입을 우려가 있기 때문이다.

2) 전분(Starch)

전분은 사용하기 직전에 헤비크림(Heavy cream) 정도의 농도로 차가운 물에 섞어서 사용하는데 이를 슬러리(Slurry)라고 부른다.

전분의 결합(bind)상태는 80℃ 이상일 때 최고이므로, 농도를 걸쭉하게 할 액체가 뜨거울 때 더해주도록 한다. 하지만 95℃ 이상의 온도로 오래 지속될 때에는 결합력을 쉽게 잃는다. 그래서 전분으로 농도를 걸쭉하게 한 소스나 수프를 오랫동안 가열하면 농도가 약해진다.

3) 리에종(Liaison)

풍미가 매우 진한 음식에 주로 사용하며, 달걀노른자를 살짝 익혀 농도를 높여주는 것이다.

알맞은 온도로 조절된 리에종(Liaison)을 액체에 천천히 더해주면서 저어준다. 달걀노른자는 대략 83℃ 정도에서 응어리가 지기 때문에 뜨거운 온도의 이중냄비(hot water bath)에 보관하거나, 재가열이 불가능하다.

4) 크림(Cream)

크림의 풍미를 유지하기 위하여, 주로 조리 마지막 단계에 더해주거나 더해준 뒤로는 가열하지 않는 게 일반적이다.

또한 헤비크림(Heavy cream)을 졸여 소스의 농도를 더해주기 위해 사용하기도 한다.

5) 버터(Butter)

가장 품격 있는 농조화제(thickening agent)로써 차가운 버터조각을 완성된 수프나 소스에 더해 섞어준다. 더해준 후로는 다시 열을 가하지 않고 바로 서브하는 것이 좋다.

너무 온도가 높으면 버터가 분리되어 지방이 위에 뜨거나 농도가 약해진다.

이외에도 리에종에는 몇 가지가 더 있는데 패리네이스 리에종(farinaceous liaison)은 갈분(arrow root), 옥수수 전분(cornstarch), 감자전분 또는 다른 유사한 전분질을 이용하여 소스를 진하게 하는 데 사용된다. 이러한 종류는 우유나 물, 포도주, 육수 등에 풀어서 소스에 부어 농도를 맞추어 이용한다. 특히 너무 끓으면 전분이 익으므로 은근한 불에 끓기 전에 섞어 저은 뒤에 사용한다.

소스에서 농도는 맛과 마찬가지로 중요하다. 최근에 요리를 가볍게 마무리하는 것이 강조되고 많은 밀가루를 사용한 전통적인 농도의 소스가 무겁다는 이유로 꺼리게 되는 반면 생크림을 졸이거나 소스 자체를 충분히 졸여 걸쭉한 농도를 유지하며 담백하고 가볍게 마무리함으로써 먹기 편하고 싫증나지 않도록 소스 농도를 현대인에 맞게 조절하고 있다.

12 Basic Sauce

실기편

- ❖ Stock
- ❖ Sauce

1장

Stock

1 Basic 쇠고기육수(Beef Stock)

육수는 영어로 Stock이라 하고 프랑스에서는 Fond이라 칭한다. 스톡은 소스에 사용하기 위해 만든다. 스톡은 더운 요리에서 기초요리라고 볼 수 있는데 향 · 맛 · 색 · 영양이 우러나오게 하는 요리라고 할 수 있다.

쇠고기육수는 모든 요리에 이용되는 것으로 재료가 신선해야 하며 조리법에 신경을 써야 한다. 특히 채소를 첨가할 때 육류와 같이 넣으면 맛과 색이 좋지 않으므로 육수가 끓은 후 중간 정도에 넣는 것이 좋은 육수를 만드는 방법이다.

쇠고기육수(Beef Stock)

실습 목표

1 시간을 다양하게 설정하여 쇠고기육수를 만듦으로써 맛을 비교하여 차이점을 알 수 있다.
2 다양한 재료를 이용하여 쇠고기육수를 만든 후 맛을 비교해서 차이점을 알 수 있다.
3 쇠고기육수에 소금을 첨가해 만든 후 육수의 맛을 비교해 차이점을 알 수 있다.
4 쇠고기를 구워서 만든 육수와 쇠고기를 굽지 않고 만든 육수를 비교해 맛의 차이점을 알 수 있다.

모체육수

쇠고기육수(Beef Stock)

재료 및 분량(산출량 2L)

소뼈(Beef bone)_______700g
당근(Carrot)__________70g
양파(Onion)_________200g
마늘(Garlic)__________10g
셀러리(Celery)________30g
대파(Leek)___________50g
무(White radish)_______50g
부케가르니(Bouquet garni)__1ea
물(Water)______________5L
소금(Salt)____________약간
통후추(Pepper corn)_____약간
월계수잎(Bay leaf)__2leaves

조리도구

냄비, 체, 나무주걱, 계량컵
계량스푼

1. 뼈는 찬물에 핏물 제거
2. 냄비에 뼈를 넣고 데친다.
3. 끓인다.
4. 향미채소와 향신료 첨가
5. 체에 거른다.
6. 식혀서 사용한다.

만드는 법

1 소뼈는 찬물에 담가 핏물과 불순물을 제거한 후 한번 끓인 뒤(3분간) 뼈를 건져 내어 불순물을 제거한다.
2 소뼈 1kg에 물 5L를 넣고 끓으면 통후추와 월계수잎을 넣는다.
3 1시간 정도 끓인 뒤 나머지 채소를 넣고 1시간 더 끓여준다.
4 끓여주면서 나오는 불순물들을 걷어준다.(Skimming)
5 2시간 끓인 후 불을 끄고 30분간 식힌다.
6 고운체에 걸러서 육수를 식힌다.
7 식혀서 사용하거나 보관한다.

평가기준

- 육수의 향
- 육수의 풍미
- 육수의 색
- 육수의 맛

* 학교에서 실습 시 시간조절을 필요로 한다.
* 육수의 풍미
* 냄비 크기에 따라 산출량이 다를 수 있다.
* 소금을 넣는 경우도 있다.

- beef bone은 처음에 물에 잠길 정도로 넣고 끓인 뒤 불순물을 거르기 위해 버린다.
- 신선하지 못한 고기나 뼈, 채소는 불쾌한 향미를 주거나 빨리 상할 수 있다.
- 거품은 제거되어야 한다. 그렇지 않으면 육수에 포함되어 색과 풍미가 나빠진다.

2 Basic 닭육수(Chicken Stock)

육수의 개념을 알고 육수의 구성요소와 육수를 활용한 제품의 원리 및 사용에 대해 이해해야 한다. 육수의 목적을 열거해 보고 육수 제조 시 필요한 재료의 비율을 알고, 맑은 육수를 제조하는 데 필요한 기술상의 주의점에 대하여 설명할 수 있어야 한다. 또한 육수를 색에 따라 분류하고 만드는 방법과 순서, 사용 온도, 보관방법을 알아야 한다. 특히 닭육수는 뼈를 크게 자르고 물에 담가 핏물을 제거해야 우수한 육수가 만들어진다. 닭육수에는 당근을 적게 사용하고 양파 대신 대파의 흰 부분을 많이 사용한다.

닭육수(Chicken Stock)

1 시간을 다양하게 설정하여 닭육수를 만든 후 맛을 비교하여 차이점을 알 수 있다.
2 다양한 재료를 이용해 닭육수를 만든 후 맛을 비교하여 차이점을 알 수 있다.
3 닭육수에 소금, 사과 등을 넣고 만들어 육수의 맛을 비교하여 차이점을 알 수 있다.
4 닭을 오븐에 구워 만든 육수와 닭을 오븐에 굽지 않고 만든 육수를 비교하여 맛의 차이점을 알 수 있다.

모체육수

닭육수(Chicken Stock)

재료 및 분량(산출량 2L)

닭(Whole chicken) ______700g
당근(Carrot) ______35g
양파(Onion) ______200g
마늘(Garlic) ______10g
셀러리(Celery) ______30g
대파(Leek) ______50g
무(White radish) ______50g
부케가르니(Bouquet garni) __1ea
물(Water) ______5L
소금(Salt) ______약간
통후추(Pepper corn) ______약간

조리도구

냄비, 체, 나무주걱, 계량컵
계량스푼

1. 뼈는 찬물에 핏물 제거
2. 냄비에 뼈를 넣고 데친다.
3. 끓인다.
4. 향미채소를 넣는다.
5. 체에 거른다.
6. 식혀서 사용한다.

만드는 법

1 닭고기를 5cm 크기로 자른 후 기름을 제거한다.
2 모든 기름을 제거한 후 핏물을 제거한다.
3 찬물을 붓고 거품을 제거하며 1시간을 끓인다.
4 깨끗이 씻은 채소를 적당한 크기로 자른 후 ③의 냄비에 넣는다.
5 채소를 넣고 1시간 더 끓여준다.
6 부케가르니와 통후추를 넣는다.
7 2시간 천천히 끓인다.(Simmering)
8 고운체로 걸러 식힌 후 사용하거나 보관한다.

평가기준

- 육수의 향
- 육수의 풍미
- 육수의 색
- 육수의 맛
- 육수의 제조기능(향신료, 향미채소 투입시점 평가)

*소스용 육수는 추가로 시간을 들여서 진한 육수를 만든다.

- 진한 육수가 필요하면 시간을 늘려서 만든다.
- 일반적으로 맑은 수프용 육수는 닭 1kg에 5L의 물을 넣고 1시간 정도 끓여 3L의 육수를 만든다(부용).
- 일부 주방에서는 닭, 쇠고기 부용을 혼합해서 사용하기도 한다.

3 Basic 생선육수(Fish Stock)

생선육수에는 흰살생선뼈를 사용해야 한다. 맛과 색이 좋아지려면 레몬과 파, 화이트와인을 넣고 육수를 짧은 시간 안에 만들어야 한다. 향신료로 고추씨와 후추, 파슬리 줄기, 마늘이 첨가되면 우수한 생선육수가 만들어진다. 또 생선육수에서 비린내가 나지 않고 색이 맑으며 맛이 진해야 우수한 생선육수라고 할 수 있다.

• 생선육수(Fish Stock)와 생선 퓌메(Fish Fumet)의 다른 점은?

생선퓌메(Fish Fumet)는 뼈와 미르포아(Mirepoix)를 약한 불에 살짝 볶은 다음 액체를 더해주지만, 생선육수(Fish Stock)는 다른 육수와 만드는 방법이 동일하다. 액체를 포함한 모든 재료를 처음부터 함께 넣고 끓여준다.

생선육수(Fish Stock)

1 시간을 다양하게 설정하여 생선육수를 만든 후 맛을 비교하여 차이점을 알 수 있다.
2 다양한 재료를 이용해 생선육수를 만든 후 맛을 비교하여 차이점을 알 수 있다.
3 생선육수에 소금을 첨가해 만든 후 육수의 맛을 비교하여 차이점을 알 수 있다.
4 생선을 구워서 만든 육수와 생선을 굽지 않고 만든 육수를 비교하여 맛의 차이점을 알 수 있다.

모체육수

생선육수(Fish Stock)

재료 및 분량(산출량 500ml)

생선뼈(Fish bone)______100g
물(Water) __________700ml
양파(Onion)___________50g
양송이버섯(Button mushroom)_20g
셀러리(Celery)_________10g
파슬리 줄기(Parsley stem)__1ea
화이트와인(White wine)_30ml
버터(Butter)_____________5g
월계수잎(Bay leaf)_____1leaf
통후추(Pepper corn)______3ea
정향(Clove)___________2ea

조리도구

냄비, 체, 나무주걱, 계량컵
계량스푼

1. 생선뼈는 찬물에 핏물을 제거한다.
2. 냄비에 볶는다.
3. 향미채소 첨가
4. 화이트와인 첨가
5. 물을 넣고 끓인다.
6. 체에 걸러서 사용한다.

만드는 법

1 흰살생선뼈는 흐르는 찬물에서 핏물을 제거한 후 적당한 크기로 잘라 깨끗하게 헹궈서 물기를 뺀다.
2 냄비에 버터를 두르고 양파를 볶은 뒤 생선뼈를 같이 넣고 몇 분간 색이 나지 않도록 볶는다(Suer).
3 화이트와인을 넣고 졸인 뒤 찬물을 붓고 부케가르니와 버섯을 넣어 끓으면 약한 불로 25분에서 30분 정도 끓인다. (끓는 시점을 기준으로 30분 이내로 끓인다.)
4 끓이는 중간에 거품을 잘 걷어낸다.
5 불을 끄기 몇 분 전에 으깬 통후추를 넣고 불을 끈 뒤 고운체에 천천히 거른다.
6 맑게 걸러진 육수는 빠르게 식혀 냉장 또는 냉동 보관한다.
(농축된 생선육수를 제조할 경우 시간을 조절한다.)

평가기준

• 육수의 향
• 육수의 풍미
• 육수의 색
• 육수의 제조기능(향신료, 향미채소 투입시점 평가)

• 육수는 항상 약불에서 천천히 끓여야 한다. 그렇지 않고 강한 불에 끓이면 많은 양이 수증기로 날아가고 육수가 탁해질 수 있다.
• 육수는 계속 끓여야만 한다. 도중에 중지하면 특히 더운 날씨에는 상할 수 있다.
• 생선은 냉동하지 않은 것이 좋으며 광어(넙치)나 민어, 가자미, 대구 등이 좋다.

4 Basic 향신료 육수(Court-bouillon)

부용은 '브예, bouiller - 끓이다'라는 뜻이다. 스톡은 뼈와 고기, 향미채소가 들어간 것으로 주로 수프용으로 알려져 있다. 호텔에서는 맛을 중시하므로 부용에 닭, 쇠고기뼈, 살, 향미채소를 넣고 만드는 경우가 많다.

서양에서는 향신료 육수를 만든 후 생선을 여기에 삶아서 요리로 완성시켰다. 여기서는 물과 포도주의 비율이 중요하다.

※ 쿠르부용을 우리말로 향신료 육수라고 칭하였다.

향신료 육수(Court-bouillon)

실습 목표

1 식초, 물, 와인의 비율을 달리하여 만든 후 맛을 비교하여 차이점을 알 수 있다.
2 향신료, 육수의 용도에 대하여 연구해 볼 수 있다.
3 시간 설정을 달리하여 육수 제조 후 맛을 비교하여 차이점을 알 수 있다.
4 만든 후 유효기간을 설정하여 맛을 비교해서 차이점을 알 수 있다.

모체육수

향신료 육수(Court-bouillon)

재료 및 분량(산출량 500ml)

물(Water)	1L
화이트와인(White wine)	250ml
화이트와인 식초(White wine vinegar)	30ml
레몬주스(Lemon juice)	50ml
당근(Carrot)	60g
양파(Onion)	80g
셀러리(Celery)	50g
대파(Leek)	1ea
부케가르니(Bouquet garni)	1ea
통후추(Pepper corn)	3g

조리도구

냄비, 체, 나무주걱, 계량컵
계량스푼

1. 향미채소를 썬다.
2. 냄비에 향미채소와 백포도주를 넣고 끓인다.
3. 거른 후 식혀서 사용한다.

만드는 법

1 향미채소를 채썬다.
2 냄비에 향미채소와 찬물을 붓고 끓이다가(10분간) 화이트와인과 레몬주스를 넣는다.
3 20분이 지나면 부케가르니와 약한 불(simmering)로 통후추를 넣고 5분간 끓여서 사용한다.
4 쿠르부용은 조리의 중간단계에서 사용되거나 신속히 식혀 나중에 사용할 수 있도록 보관한다.
5 조리하고자 하는 주재료에 따라 색이 있는 향미채소의 양을 조절하여 사용한다.

평가기준

- 육수의 향
- 육수의 풍미
- 육수의 색

- 생선찜(poached fish) 등에 많이 사용된다.
- 채소는 다른 요리를 준비하고 남은 부산물을 이용해도 무방하다.

2장

Sauce

1 Basic 우유소스

우유소스의 모체소스는 베샤멜 소스이다. 파생소스로는 모르네이, 수비즈 소스 등이 있다.

베샤멜 소스(Bechamel Sauce)는 프랑스에서 처음 만들어졌다. 밀가루에 버터를 넣어 루(Roux)를 만든 후 우유를 넣고 끓인 뒤 걸러서 크림요리에 응용한다. 이 소스로 프랑스가 요리의 종주국으로 알려졌다고 생각한다.

이 소스를 만들 때 주의할 점은 밀가루 선택이다. 일반적으로 루는 중력분을 사용하는데, 셰프마다 다른 종류의 밀가루를 섞어서 자신만의 맛을 낸다.

밀가루를 체에 내려 사용하는 것은 기본이며, 우유를 루에 섞을 때 한꺼번에 많은 양의 우유를 넣으면 덩어리가 져서 질이 나쁜 소스가 만들어진다. 재료의 배합은 버터, 밀가루, 우유의 비율이 1:1:17 정도가 가장 좋다고 생각한다.

여기에 볶은 양파를 넣거나 버터를 정제하여 쓰기도 한다. 외국 셰프 중에는 양파의 단맛 때문에 크림소스 본연의 맛을 느낄 수 없다고 하여 대파의 흰 부분만 넣는 것을 선호하기도 한다.

모체소스
파생소스
응용요리
베샤멜 소스(Bechamel Sauce)
• 모르네이 소스(Mornay Sauce)
• 수비즈 소스(Soubise Sauce)
• 뉴버그 소스(Newburg Sauce)
• 프레페레 소스(Prefere Sauce)
• 마늘 크림소스(Coulis Garlic Sauce)
• 스미탕 소스(Smitan Sauce)
• 파슬리 크림소스(Parsley Cream Sauce)
• 대파소스(Leek Sauce)
• 시금치와 리코타 치즈를 채운 베샤멜 소스의 닭가슴살 요리 (Chicken Breast Stuffed with Spinach and Ricotta Cheese in Bechamel Sauce)
• 버섯 베샤멜 소스와 스파게티 (Spaghetti with Mushroom Bechamel Sauce)

베샤멜 소스(Bechamel Sauce) 개요

이것은 흰색 소스의 대명사로 불리며 현대요리에서는 절대 뺄 수 없는 것이다. 베샤멜이란 말은 루이드 베샤메유(Louis de Bechameyou)라는 이름에서 유래되었음이 잘 알려져 있다.

그는 은행가로서 루이 14세의 급사장직을 맡아 일했는데 당시 급사장이란 직위는 현재 식당의 급사장과는 전혀 다르며 당시 최고의 귀족만이 차지할 수 있는 직위였다.

중요한 것은 베샤멜 소스의 발명자가 이 베샤메유 후작이라 전해지고 있으나 실제로는 그가 태어나기 전부터 이 소스가 있었다는 사실이다. 그것을 현재와 같은 형태의 소스로 만든 것이 베샤메유 후작이었다고 전해지고 있으며 그에게 봉사하던 요리사가 주인에게 경의를 표하면서 이 이름을 붙이게 된 것이 아닌가 생각한다.

베샤멜 소스(Bechamel Sauce)는 프랑스에서 처음 만들어졌다. 밀가루에 버터를 넣어 루(Roux)를 만든 후 우유를 넣고 끓인 뒤 걸러서 크림요리에 응용한다. 이 소스로 프랑스가 요리의 종주국으로 알려졌다고 생각한다.

이 소스를 만들 때 주의할 점은 밀가루 선택이다. 일반적으로 루는 중력분을 사용하는데, 셰프마다 다른 종류의 밀가루를 섞어서 자신만의 맛을 낸다.

밀가루를 체에 내려 사용하는 것은 기본이며, 우유를 루에 섞을 때 한꺼번에 많은 양의 우유를 넣으면 덩어리가 져서 질이 나쁜 소스가 만들어진다. 재료의 배합은 버터, 밀가루, 우유의 비율이 1:1:17 정도가 가장 좋다고 생각한다.

여기에 볶은 양파를 넣거나 버터를 정제하여 쓰기도 한다. 외국 셰프 중에는 양파의 단맛 때문에 크림소스 본연의 맛을 느낄 수 없다고 하여 대파의 흰 부분만 넣는 것을 선호하기도 한다.

우유소스는 주재료가 모체소스가 된다. 두 가지는 육수를 사용하지 않지만 육수소스군에 포함시켰다.

우유의 품질은 풍미, 향, 외관, 침전물과 박테리아 수에 의해 결정되지만 외형적으로 부드럽고, 응고 접착성, 잡물질이 없어야 한다. 또한 신선하고 달콤하고 향과 맛을 갖추어야 하며 영양가 높고 보관하기 좋아야 한다.

우유는 전유, 보증우유, 살균우유 등으로 나눈다. 우유와 루(Roux)에 의해 만들어지는 대표적인 소스가 베샤멜인데, 요즘은 크림소스로 대신하는 경우가 많다. 농도는 베샤멜의 경우 루(Roux)가 있어서 관계없지만 생크림을 졸인 후 주재료를 첨가하여 갈아서 체에 밭친 다음 농도가 약해서 버터와 생밀가루를 섞어 농도를 맞추어 사용하고 있다.

크림이라 하면 요리에서 헤비크림을 사용하는데 헤비크림은 36%의 유지방을 함유해야 하고, 균질화된 크림이 살균되어야 한다. 요즘은 크림소스도 몸에 안 좋다 하여 양을 줄여 쓰고 있는 추세이다.

- 베샤멜 소스는 모체소스 중 하나로 화이트 루(White roux)와 우유로 만들어지며 전통적으로는 양파 피케(Onion pique)를 넣는다.
- 화이트 소스라고도 불린다.
- 루(Roux)를 섞어줄 때에는 거품기를 사용하는 것이 좋으나, 너무 오래 사용하면 회색으로 변할 우려가 있다.
- 바닥에 눋지 않도록 나무 스푼이나 실리콘 스패튤러(spatula)로 자주 저어준다.
- 전통적으로 화이트 소스로 간주한다.
- 루(Roux)의 양에 따라 농도가 결정된다.
- 사용처에 따라 농도는 달리 적용된다.

만들 때 주의할 사항은 다음과 같다.

- 알루미늄과 같은 연철로 된 기물은 거품기를 사용할 때 마찰로 인하여 금속성 냄새와 소스의 색이 변화될 우려가 있다.
- 바닥이 두꺼운 소스포트를 사용하여 장시간 조리할 때 바닥에 눌어붙어 타는 것을 방지하여야 한다.
- 밀가루의 양을 저울질할 때는 언제나 체로 쳐서 사용한다.
- 베샤멜 소스를 만들 때에는 루를 볶은 후 약 20%가량의 우유를 먼저 넣어야 한다. 그렇게 하지 않고 많은 양의 우유를 투입하면 덩어리가 생기고 잘 풀어지지 않는다.
- 밀가루를 덜 볶으면 밀가루 냄새가 나서 좋은 소스가 될 수 없다.
- 고춧가루 향(카옌페퍼 Cayenne Pepper)을 사용하기도 한다.
- 버터 대신 쇼트닝이나 마가린을 사용하기도 한다.
- 짙은 크림색에 윤택이 있어야 한다.
- 농도는 다른 재료를 감쌀 수 있을 정도여야 한다.

베이직 우유 모체소스는 베샤멜 소스이다. 영어로는 크림소스라 한다. 파생소스로는 갈색 소스 다음으로 다양하다.

모르네이 소스(Mornay Sauce)는 영국 헨리 4세의 정치고문인 필립 모르네이의 이름에서 유래되었다. 주로 생선요리, 파스타, 채소요리 등에 다양하게 사용되는 소스이다.

마늘 크림소스(Coulis Garlic Sauce)는 마늘을 물에 3번 삶고 크림을 넣고 믹서에 갈아 베샤멜 소스와 섞어서 사용하는 것으로 마늘 쿨리(Coulis) 소스와 비슷하다.

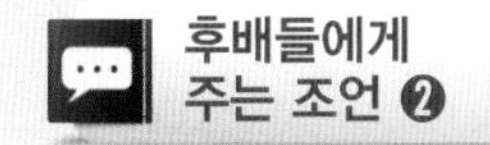

일에 대한 태도가 성패를 좌우한다

주방에서는 처음 일을 할 때 어떤 마음으로 시작하느냐가 중요하다.
나 역시 처음 주방에 실습 나갔는데 모든 것이 신기했다. 모두들 바쁘게 자기 일에만 열중이었다. 할 일이 없어서 그냥 서 있기만 했더니 선배가 와서 이런 이야기를 해주었다. 주방에 오면 학교에서 배운 것은 잊어버리고 현장에 맞는 일을 해야 한다고. 그래서 처음 한 일이 청소와 그릇 닦는 일이었다. 하루 온종일 같은 일을 하니 힘들고 고달팠다. 저녁 때 퇴근하려고 하니 아까 이야기한 선배가 다시 와서 "오늘 힘들었지?" 하면서 조리사에 대한 이야기를 해주었다. 지금도 그 이야기가 나의 인생에 큰 주춧돌이 되었음을 기억한다.
"청소할 때 이 일을 먹고 살기 위해서 한다면 따분하고 지겹다. 주방에서 선배들이 해온 일이니 그냥 한다고 생각하면 지쳐서 주방일을 그만둔다. 그러나 청소일은 주방을 위생적으로 관리하기 위한 첫걸음이고 이 일이 이 주방에서 가장 중요한 것이라고 생각하면서 일하면 먼 훗날 성공한 셰프로 태어날 것이다."
지금 생각해 보니 선배의 이야기가 모두 맞다. 청소는 하찮아 보일 수 있지만 이 일에 대해 좀 더 생각해 보면 청소가 중요하다는 걸 알 수 있다.
첫째로 선배들이 평가기준을 청소하는 태도로 결정하는 경우가 많다. 청소하는 것을 보면 저 사람이 성공할지 실패할지 판단할 수 있다. 그래서 나는 후배들에게 현재 하고 있는 일을 충실히 하라고 조언한다. 초보면 초보 때 열심히 일을 하고, 주방장이 되면 주방장 업무에 혼신을 다해 일하면 당연히 성공한다. 청소를 어떻게 생각하느냐에 따라 그 사람의 인생이 행복해질 수도, 불행해질 수도 있다.

베샤멜 소스(Bechamel Sauce)

1 베샤멜 소스 만드는 방법을 알 수 있다.
2 베샤멜 소스를 이용한 다양한 파생소스 만드는 능력을 키울 수 있다.
3 루(Roux)를 이용한 소스 만들기 능력을 기를 수 있다.
4 찬 우유와 더운 루(Roux)를 섞었을 때의 현상을 관찰할 수 있다.
5 우유와 생크림을 넣었을 때의 현상을 관찰할 수 있다.

모체소스

베샤멜 소스(Bechamel Sauce)

재료 및 분량(산출량 200ml)

버터(Butter) ______ 10g
밀가루(Flour) ______ 10g
우유(Milk) ______ 300ml
양파(Onion) ______ 10g
정향(Clove) ______ 1ea
월계수잎(Bay leaf) ______ 1leaf
너트메그(Nutmeg) ______ 약간
소금(Salt)·**후추**(Pepper) 약간씩

조리도구

나무주걱, 소스 팬, 체
계량컵

소스전문가 Tip

1. 루를 만든다.
2. 우유와 루를 섞는다.
3. 끓인다.
4. 자주 저어준다.
5. 완성되면 소창에 거른다.
6. 양념하여 사용한다.

만드는 법

1 밀가루를 체에 쳐서 준비한다(강력밀가루).
2 버터를 말랑말랑하게 준비한다.
3 우유를 데워놓는다.
4 버터를 녹이고 밀가루를 넣고 밀가루 냄새가 나지 않도록 잘 볶아준다. 이때 흰 소스를 뽑을 것이므로 루(Roux)에 색깔이 있으면 안 된다.
5 소스 팬에 우유를 붓고 강불에서 (끓이지 말고) 데운다.
6 팬을 불에서 내려 ⑤를 조금씩 부어 덩어리가 생기지 않도록 골고루 젓는다.
7 ⑥을 다시 천천히 끓이면서 나무주걱으로 계속 젓는다.
8 소스가 걸쭉해질 때까지 3~4분 정도 더 끓인다.
9 끓기 시작하면 약불로 줄이고 양파, 정향, 월계수잎을 넣고 저으면서 10분 정도 끓인다.
10 체에 거른 다음 너트메그와 소금, 후추가루로 간을 맞춘다.

평가기준

• 소스의 농도, 색, 향
• 정확한 루 만들기

* 생크림으로 마무리하는 셰프들도 있다.

• 루를 만들 경우 버터가 반쯤 녹았을 때 밀가루를 넣는 것이 가장 좋다.
• 루에 데운 우유를 섞을 때 처음에는 나무주걱으로 젓다가 거품기를 사용하면 편리하다.
• 거품기로 소스를 저을 때 바닥을 많이 긁으면 철 성분이 긁혀 나와 검은색이 된다.
• 황금색의 루는 고소한 맛을 내지만 용도에 따라 알맞게 볶아야 한다.

수비즈 소스(Soubise Sauce)

이 소스는 양파를 넣은 베샤멜 소스로 육류요리에 사용한다. 육류요리에는 대개 갈색 계통 소스가 쓰이는데 수비즈 소스는 양파의 향과 맛이 있어 육류에도 잘 어울린다. (토끼고기요리, 양고기에 어울린다.)
만드는 법 : 냄비에 버터를 넣고 양파를 볶다가 밀가루와 생크림, 육수를 넣어 끓인다. 양파가 완전히 익은 후 믹서에 곱게 갈아 체에 걸러서 사용한다.

뉴버그 소스(Newburg Sauce)

베샤멜 소스에 생선육수와 마데이라 와인이 첨가된 고급소스이다.
소스의 농도는 달걀노른자로 맞추기 때문에 소스의 맛이 고소하고 노란색이 강하게 나는 특별한 흰색 소스이다. 레몬주스가 마지막에 첨가되므로 주로 새우요리, 게, 개구리, 바닷가재 요리 등에 곁들여진다. 이 소스에 아메리칸 소스나 카옌페퍼를 넣는 셰프도 있다.

프레페레 소스(Prefere Sauce)

베샤멜에 시금치 녹수를 첨가하여 만든 녹색 소스이다. 시금치를 갈아서 (물을 넣고) 냄비에 끓여 물이 끓기 시작하면 녹수가 엉키는데 엉킨 녹수를 소창에 걸러서 사용한다. 이 녹수는 색이 변하는 시간을 연장시키며 맛과 영양이 우수하다.
이 소스는 생선요리, 육류요리에 사용된다.

마늘 크림소스(Coulis Garlic Sauce)

베샤멜을 더욱 맛있게 하는 소스이다. 마늘을 한 번 삶은 후 (마늘의 매운맛 제거) 생크림을 넣고 믹서에 곱게 갈아서 베샤멜 소스에 섞어서 사용한다.
이 소스는 흰색 요리에 잘 어울리며, 수프, 소스 등에 이용된다. 특히 이탈리아 요리 중 라비올리, 파스타, 생선요리에 많이 사용된다.
마늘 300g + 생크림 1L(마늘을 10분간 삶는다.)

스미탕 소스(Smitan Sauce)

신맛이 나는 Sour Cream과 육수를 이용하여 만든 소스이다. 이 소스는 생선구이, 삶은 채소요리에 많이 사용된다.

베샤멜 + Sour Cream + 육수 + 생크림 + 레몬주스

파슬리 크림소스(Parsley Cream Sauce)

베샤멜 소스에 다진 파슬리를 넣어 만든 녹색 소스이다. 빵에 소시지를 넣은 음식에 곁들여지기도 한다. 양고기 요리에도 사용된다.

베샤멜 + 파슬리 + 마늘 + 생크림 + 양파

대파소스(Leek Sauce)

대파의 흰 부분을 썰어 버터에 볶은 후 은근히 익혀낸 뒤 베샤멜 소스에 넣어서 사용한다.
이 소스는 주로 육류요리에 많이 사용되며, 마늘 쿨리 소스와 같이 사용하면 소스의 맛이 우수해지며 소스의 질감이 좋아진다. 대파의 향과 단맛이 나는 것이 특징이다.

Chicken Breast Stuffed with Spinach and Ricotta Cheese in Bechamel Sauce

시금치와 리코타 치즈를 채운 베샤멜 소스의 닭가슴살 요리

(Chicken Breast Stuffed with Spinach and Ricotta Cheese in Bechamel Sauce)

재료 및 분량(4인분)

닭가슴살(Chicken breast)_ 4ea
시금치(Spinach)_ 400g
리코타 치즈(Ricotta cheese)_ 200g
감자(Potato)_ 200g
호박(Pumpkin)_ 200g
브로콜리(Broccori)_ 120g
꼬마당근(Little carrot)_ 8ea
밀가루(Flour)_ 60g
베샤멜 소스(Bechamel sauce) 180ml

조리도구

나무주걱, 소스 팬, 체
계량컵

- 베샤멜 소스에 닭육수를 졸여서 넣으면 맛이 좋아진다.
- 소스 농도는 묽은 것이 좋다.
- 루는 약간 진하게 볶아야 좋은 소스를 만들 수 있다.

만드는 법

1 데친 시금치와 리코타 치즈를 섞어 간을 한 뒤 닭가슴살의 중간에 얇게 채운다.
2 닭가슴살에 밀가루를 묻힌 다음 팬에 버터를 두르고 센 불에서 색을 낸다.
3 센 불에서 색을 낸 닭가슴살을 250℃의 오븐에서 3~4분 정도 익힌다.
4 감자와 브로콜리는 모양을 내서 자른 다음 소금물에 데친 후 브로콜리는 얼음물에서 식히고 감자는 상온에서 식힌다.
5 손질한 꼬마당근은 소금물에 삶아 너무 물러지지 않게 한다.
6 호박은 둥글게 자른 다음 그릴에서 격자무늬가 나게 색을 내준다.
7 버터, 밀가루를 불에 올려 데운 뒤 흰색 루(Roux)를 만들어 우유를 넣고 베샤멜 소스를 만든다.
8 닭가슴살은 3~4조각으로 어슷하게 잘라놓는다.
9 익힌 채소는 접시의 뒤쪽에 가지런히 놓은 다음 잘라놓은 닭가슴살을 나란히 놓는다.
10 닭가슴살의 반 정도가 덮일 정도로 베샤멜 소스를 뿌려준다.

요리 실습 전에 베샤멜 소스를 만든다.
준비한 베샤멜 소스에 추가로 재료를 넣어 파생 베샤멜 소스를 만들어 요리에 곁들인다.

평가기준

- 소스 농도, 색, 맛
- 주재료와 소스의 조화
- 닭가슴살이 터지지 않도록 유의한다.

Spaghetti with Mushroom Bechamel Sauce

버섯 베샤멜 소스와 스파게티
(Spaghetti with Mushroom Bechamel Sauce)

재료 및 분량(2인분)

스파게티면(Spaghetti)____240g
올리브오일(Olive oil)____100ml
화이트와인(White wine)___100ml
양송이버섯(Button mushroom)__200g
표고버섯(Shiitake mushroom)__100g
느타리버섯(Oyster mushroom)__100g
다진 양파(Crushed onion)____40g
다진 마늘(Crushed garlic)____20g
닭고기육수(Chicken meat stock)_240ml
베샤멜 소스(Bechamel sauce)___80ml
생크림(Fresh cream) __320ml
파슬리(Parsley)__________10g
소금(Salt)·**후추**(Pepper)__약간씩

조리도구

나무주걱, 소스 팬, 체
계량컵

소스전문가 Tip

- 베샤멜 소스에 닭육수를 졸여서 넣으면 맛이 좋아진다.
- 소스 농도는 묽은 것이 좋다.
- 루는 약간 진하게 볶아야 좋은 소스를 만들 수 있다.

만드는 법

1 스파게티면은 소금물에 8분 정도 삶는다.
2 양송이버섯, 표고버섯, 느타리버섯을 잘게 잘라서 팬에 올리브오일을 두르고 다진 양파, 마늘을 넣고 볶는다.
3 위의 볶아진 버섯에 간을 하고 화이트와인을 넣고 졸인 뒤 닭육수를 넣고 끓여 살짝 졸면 베샤멜 소스와 생크림을 첨가하여 농도가 날 때까지 중불에서 끓인다.
4 소스의 농도가 적당히 나면 삶은 스파게티면을 넣고 소스가 면에 잘 배어들게 한 뒤 다진 파슬리를 섞고 접시에 담아낸다.

요리 실습 전에 베샤멜 소스를 만든다.
준비한 베샤멜 소스에 추가로 재료를 넣어 파생 베샤멜 소스를 만들어 요리에 곁들인다.

평가기준

- 소스 농도, 색, 맛
- 주재료와 소스의 조화
- 스파게티를 너무 많이 삶지 않도록 유의한다.

2 Basic 치킨 벨루테

슈프림 소스(Supreme Sauce)는 닭육수에 루를 넣어 만드는 벨루테 소스 중 하나이다. 슈프림 소스를 이용한 파생소스로는 아이보리 소스와 헝가리안 소스가 있다.

벨루테 소스에서는 소스에 더 불투명한 색을 주기 위해 우유를 스톡으로 대체하고, 진한 소스에서는 조리가 끝난 후에 크림을 더해서 진하게 해준다. 종류로는 쇠고기육수, 닭고기 육수, 생선육수, 우유를 넣은 소스가 있다. "캔버스가 화가의 필수품인 것처럼 닭고기는 조리사에게 없어서는 안 될 중요한 식재료이다." 이 말은 프랑스의 유명한 미식가 겸 평론가인 브리야 사바랭이 닭고기에 대해서 한 말이다. 닭육수를 진하게 만들어 황금색 루(Roux)를 첨가하여 만든 모체소스이다.

모체소스	파생소스	응용요리
슈프림 소스(Supreme Sauce)	• 아이보리 소스(Ivory Sauce) • 헝가리안 소스(Hungarian Sauce)	• 치킨 무슬린을 채워 스팀으로 익힌 닭가슴살 요리와 슈프림 소스 (Steamed Chicken Breast Stuffed with Chicken Mousseline, Supreme Sauce) • 서양 오얏과 사과를 속박이한 돼지 등심요리와 레드와인 슈프림 소스 (Stuffed Porkloin with Plums and Apple Served with Red Wine Supreme Sauce)

슈프림 소스(Supreme Sauce) 개요

벨루테 소스에서는 소스에 더 불투명한 색을 주기 위해 우유를 스톡으로 대체하고, 진한 소스에서는 조리가 끝난 후에 크림을 더해서 진하게 해준다. 종류로는 쇠고기육수, 닭고기육수, 생선육수, 우유를 넣은 소스가 있다. "캔버스가 화가의 필수품인 것처럼 닭고기는 조리사에게 없어서는 안 될 중요한 식재료이다." 이 말은 프랑스의 유명한 미식가 겸 평론가인 브리야 사바랭이 닭고기에 대해서 한 말이다. 닭육수를 진하게 만들어 황금색 루(Roux)를 첨가하여 만든 모체소스이다.

닭육수에 루를 풀어서 만드는 슈프림 소스는 치킨 벨루테 소스라고도 한다. 닭의 구수한 향과 깊은 맛을 가지고 있다. 닭고기육수가 진해야 맛있는 소스가 되는데, 닭은 찬물에 담가 핏물을 제거하고 오븐에서 노릇노릇하게 구워 육수를 만들면 맛이 좋아지고, 소금이나 토마토를 첨가하면 육수를 진하게 만들 수 있다. 우리나라 사람들은 삼계탕처럼 진한 육수를 좋아하지만 서양은 맑은 닭고기육수를 더 많이 사용한다.

주의할 사항은 당근을 넣지 않는 것이 좋고 양파 대신 대파를 넣어야 진한 닭고기육수를 만들 수 있다는 것이다.

닭고기육수를 끓이는 냄비는 무쇠나 스테인리스보다 알루미늄 냄비가 좋으며, 바닥이 두꺼워야 한다. 닭은 일반적으로 2~3시간 정도 끓여야 하는데 잡냄새 제거를 위해 향미채소 외에 월계수, 후추 등을 넣으면 좋고, 우리나라 육수에는 황기, 대추, 당귀, 오가피 등을 넣어 맛있는 육수를 만든다. 닭고기육수가 만들어지면 여기에 루를 넣고 소스를 만들어 닭요리에 많이 사용한다.

닭요리 외에도 크림소스의 경우 슈프림 소스를 섞어서 만들면 우유만 넣은 소스보다 더 맛있는 소스가 만들어진다.

아이보리 소스, 헝가리안 소스 등으로 응용할 수 있다.

닭육수에 루를 넣어 만드는 슈프림 소스는 벨루테 소스 중 하나이다. 슈프림 소스를 이용한 파생소스로는 아이보리 소스와 헝가리안 소스가 있다.

• 헝가리안 소스(Hungarian Sauce)

슈프림 소스 + 양파 다진 것 + 파프리카 + 버터

• 아이보리 소스(Ivory Sauce)

슈프림 소스 + 글라스 드 비앙드

• 알부페라 소스(Albufera Sauce)

슈프림 소스 + 글라스 드 비앙드 + 고추맛을 낸 버터

아이보리 소스(Ivory Sauce)는 진한 닭고기육수에 루를 넣어서 만든 모체소스에 닭육수 소스를 넣어 만드는 것으로 닭고기요리에 많이 쓰인다. 이 소스에 커리, 새프런, 타임 등의 향신료를 같이 곁들인다.

헝가리안 소스(Hungarian Sauce)는 슈프림 소스에 헝가리에서 많이 재배되는 파프리카를 넣어 만든 특징이 있다. 소스 색은 핑크빛으로 주로 육류요리에 사용된다.

슈프림 소스(Supreme Sauce)

1 육수를 이용하여 슈프림 소스를 만드는 방법을 알 수 있다.
2 슈프림 소스를 이용한 다양한 파생소스 만드는 능력을 키울 수 있다.
3 찬 닭육수와 더운 루(Roux)가 섞이는 현상을 관찰할 수 있다.
4 진한 닭육수와 맑은 닭육수를 이용하여 소스를 만들어보고 차이점을 알 수 있다.
5 닭고기와 쇠고기육수를 혼합하여 슈프림 소스를 만들 수 있다.

모체소스

슈프림 소스(Supreme Sauce)

재료 및 분량(산출량 200ml)

무염버터(Unsalted butter)__10g
밀가루(Flour)__________10g
닭육수(Chicken stock)__200ml
생크림(Fresh cream)____30ml
버터(Butter)__________5g
소금(Salt)___________약간
흰 후추(White pepper)____약간

조리도구

도마, 칼, 프라이팬, 계량스푼
거품기, 냄비, 집게, 저울
믹싱 볼, 나무젓가락

• 루를 만든다.

만드는 법

1 버터와 밀가루를 팬에 볶아 블론드 루를 만든다.
2 루에 닭육수를 넣어 치킨 벨루테 소스를 만든다.
3 ②에 생크림을 넣고 5분 정도 졸인다.
4 졸인 소스를 체에 거른다.
5 버터(혹은 달걀노른자)를 넣어 섞고, 소금과 흰 후추로 마무리한다.

평가기준

• 소스의 농도, 색, 맛, 향 평가

• 닭을 주재료로 만든 대표적인 흰색 육수소스로, 닭육수는 파, 양파, 향신료만 넣고 진하게 끓여서 사용한다.
• 슈프림 소스를 기본으로 카레소스, 크림소스, 향신료 소스 등으로 응용할 수 있다.
• 기본소스에는 무염버터를 사용한다.
• 기호에 따라 레몬주스를 넣기도 한다.
• 슈프림 소스는 치킨 벨루테 소스라고도 하는데, 닭의 구수한 향과 깊은 맛을 가지고 있다.
• 닭고기육수가 진해야 맛있는 소스가 되는데, 닭을 찬물에 담가 핏물을 제거하고 오븐에서 노릇하게 구워 육수를 만들면 맛이 좋아지고, 소금이나 토마토를 첨가하면 육수를 진하게 만들 수 있다. 우리나라 육수는 무조건 삼계탕같이 진해야 하지만 서양은 맑은 닭고기육수를 요구한다.

아이보리 소스(Ivory Sauce)

재료 및 분량(산출량 200g)

슈프림 소스(Supreme sauce) 200g **치킨스톡**(Chicken stock)(졸인 것) 20ml **마늘 쿨리**(Garlic coulis) 10g **생크림**(Fresh cream) 20g
소금(Salt)·**후추**(Pepper) 약간씩

조리도구

냄비, 나무주걱, 칼, 도마, 계량컵, 계량스푼

만드는 법

1 슈프림 소스를 만들어 끓인다.
2 치킨스톡을 시럽 농도가 되도록 졸인다.
3 슈프림 소스에 치킨스톡 졸인 것과 마늘 쿨리를 넣고 간을 하여 마무리한다.

평가기준

- 소스의 색, 향, 농도
- 치킨스톡의 졸이는 정도

- 따뜻한 것은 따뜻한 것끼리 섞는다.
- 마늘 쿨리소스 만드는 법(마늘 30g, 생크림 150ml)
  1. 껍질 벗긴 깐 마늘을 끓는 물에 세 번 삶는다.
  2. 마늘의 매운맛을 제거한 후 생크림을 넣고 5분 정도 끓인 후 믹서에 곱게 갈아준다.

헝가리안 소스(Hungarian Sauce)

재료 및 분량(산출량 200g)

양파(Onion) 10g **슈프림 소스**(Supreme sauce) 200g **파프리카파우더**(Paprika powder) 1/2tsp **치킨스톡**(Chicken stock) 30g
무염버터(Unsalted butter) 5g

조리도구

냄비, 나무주걱, 계량컵, 계량스푼, 칼, 도마

만드는 법

1 냄비에 버터를 두르고 다진 양파를 볶는다.
2 양파가 볶아지면 슈프림 소스를 넣고 끓인다.
3 소스가 끓으면 파프리카파우더를 넣고 한번 섞어준 후, 고운체에 거른다.
4 거르고 난 후, 다시 한 번 끓인다.
5 불에서 내린 뒤 버터를 첨가하여 완성한다.

평가기준

- 소스의 농도, 색, 향

- 육수를 끓일 때는 잘 우러나게 하기 위하여 찬물부터 시작한다. 또한 채소는 닭육수를 1시간 반 동안 끓인다고 할 때 마지막 20분 전에 양파를 넣는 것이 좋다.

Steamed Chicken Breast Stuffed with Chicken Mousseline, Supreme Sauce

치킨 무슬린을 채워 스팀으로 익힌 닭가슴살 요리와 슈프림 소스

(Steamed Chicken Breast Stuffed with Chicken Mousseline, Supreme Sauce)

재료 및 분량(4인분)

닭가슴살(Chicken breast)__ 4ea
닭다리살(Chicken prumstick)_200g
흰자(White of an egg)_______60g
생크림(Fresh cream)___180ml
당근(Carrot)_________ 260g
호박(Pumpkin)________ 200g
빨간 파프리카(Red paprika)__1ea
노란 파프리카(Yellow paprika)_1ea
연근(Lotus root)________ 50g
슈프림 소스(Supreme sauce)_400ml
소금(Salt)·**후추**(Pepper)___약간씩
올리브오일(Olive Oil)__ 200ml
버터(Butter)__________100g

소스전문가 Tip

- 닭가슴살이 터지지 않도록 유의한다.
- 소스 농도, 색, 맛
- 주재료와 소스의 조화
- 슈프림 소스에 파마산 치즈 가루 등을 섞어서 응용소스를 만든다.
- 체에 거르는 것보다 소량으로 짜는 방법이 더 좋다.
- 닭 육수를 졸여서 슈프림 소스를 만들면 향, 맛, 색이 좋아진다.

만드는 법

1 닭다리살을 손질하여 잘게 잘라서 푸드 프로세서에 흰자와 같이 넣고 소금, 후추 간을 하여 곱게 간 뒤 고운체에 내려 얼음 받친 믹싱 볼에 담고 생크림을 섞어 농도를 맞춘 뒤 잘게 잘라 데쳐둔 당근, 호박을 넣고 간을 하여 무슬린을 준비한다.
2 닭가슴살의 중앙에 무슬린을 채워 넣고 스팀으로 부드럽게 익힌다.
3 당근은 구슬 모양으로 만들고 호박은 샤토 모양으로 만들어 끓는 소금 물에 익혀 둔다.
4 파프리카는 껍질을 벗기고 바토네로 잘라 올리브오일, 소금, 후추로 버무려 준다.
5 연근은 얇게 슬라이스하여 튀겨준다.
6 접시에 당근, 호박을 담고 닭가슴살을 어슷하게 잘라 가지런히 놓고 슈프림 소스를 올려 담고 파프리카 바토네를 올려 완성한다.

요리 실습 전에 슈프림 소스를 만든다.
준비한 슈프림 소스에 추가로 재료를 넣어 파생 슈프림 소스를 만들어 요리에 곁들인다.

평가기준

- 닭가슴살에 칼집을 넣을 때 터지지 않도록 하고, 껍질을 붙여서 조리하기
- 감자를 가지고 독창적으로 만들기
- 칼집을 충분히 주어 속을 균형있게 채우기

Stuffed Porkloin with Plums and Apple Served with Red Wine Supreme Sauce

서양 오얏과 사과를 속박이한 돼지등심요리와 레드와인 슈프림 소스

(Stuffed Porkloin with Plums and Apple Served with Red Wine Supreme Sauce)

재료 및 분량(4인분)

- **돼지등심**(Porkloin)_____ 600g
- **사과**(Apple)____________ 3ea
- **서양 오얏**(West plum)___ 120g
- **버터**(Butter)__________ 100g
- **연근**(Lotus root)________ 100g
- **토마토**(Tomato) _________ 2ea
- **계핏가루**(Cinnamon powder)__ 10g
- **로즈메리**(Rosemary)__4leaves
- **파슬리**(Parsley)__________ 5g
- **브로콜리**(Broccoli)_____ 120g
- **슈프림 소스**(Supreme sauce)_200ml
- **레드와인**(Red wine)_____50ml
- **소금**(Salt) · **후추**(Pepper)__ 약간씩

- 메뉴가 요구하는 정확한 작품을 만들고, 완성된 요리는 전체적인 조화를 이루어야 한다.
- 완성된 요리의 온도, 익은 정도 등은 그 요리의 특성에 맞도록 한다.
- 슈프림 소스에 사과소스를 섞어서 만들어도 좋다.

만드는 법

1. 사과껍질을 제거하고, 1/4로 썬 후 씨를 제거하며, 가로썰기하여 팬을 이용하여 버터에 볶는다.
2. 등심은 기름을 하고, 돼지등심의 가운데를 관통하는 구멍을 만든다.
3. 사과 볶은 것과 계핏가루 및 엄지손톱만큼의 크기로 자른 서양 오얏을 섞어 등심의 구멍에 꽉 차도록 밀어 채워준다.
4. 요리용 실을 이용하여 1.5~2cm 정도의 간격이 되게 묶어준다.(돼지등심의 구멍을 낼 때 가운데를 뚫어 재료를 넣고, 요리를 다 한 후에 가운데가 동그란 모양이 되도록 한다.)
5. 팬을 이용하여 기름을 바르고, 색깔이 갈색이 되도록 굽는다.
6. 팬으로 구운 고기를 오븐용 팬에 채소(당근, 양파, 셀러리)를 깔고 약 200℃에서 20분 정도 요리를 한다.
7. 사과를 깎아 씨를 제거하고 1/8 썬 것(Wedge)은 팬에 버터를 두르고 약한 불을 이용하여 굽기를 하는데, 색깔이 노릇노릇하게 나고, 여물어질 때까지 요리한다.
8. 연근은 링(Ring)썰기를 얇게 하여 맑은 기름에 튀겨둔다.
9. 토마토는 1cm정도 두께로 썰어 소금 · 후추를 뿌린 뒤 굽는다.
10. 고기가 익으면 고기를 꺼낸다.
11. 구운 팬에 있는 주스를 이용하여 레드와인을 슈프림 소스에 넣고 끓여서 소스를 만든다.
12. 접시 윗부분에 구운 사과와 브로콜리를 놓고 익힌 돼지등심의 실을 풀어 50g 크기 정도로 3쪽을 자른 뒤 구운 토마토와 같이 겹쳐 나란히 접시에 깔아준다.
13. 약간의 그린 채소와 연근튀김을 꽂아주고 준비한 소스를 돼지등심 곁에 곁들여준다.

요리 실습 전에 슈프림 소스를 만든다.
준비한 슈프림 소스에 추가로 재료를 넣어 파생 슈프림 소스를 만들어 요리에 곁들인다.

평가기준

- 돼지등심에 속박이 재료를 중앙에 오도록 잘 스터핑하기
- 돼지등심은 갈색으로 색을 낸 후 소스를 만들어 브레이징하기
- 토마토는 그릴이나 소테해서 사용하기

3 Basic 생선 벨루테

화이트와인 소스(White Wine Sauce)는 생선요리에 가장 많이 이용되는 생선육수의 모체 소스로 매우 중요하다.

생선육수에 루를 넣어 만든 생선 벨루테는 화이트와인 소스가 유명하다. 이 소스의 파생 소스로는 노르망디 소스, 베르시 소스 등이 있다.

모체소스
파생소스
응용요리
화이트와인 소스(White Wine Sauce)
• 낭투아 소스(Nantua Sauce)
• 홍합소스(Mussel Sauce)
• 굴소스(Oyster Sauce)
• 새프런 소스(Saffron Sauce)
• 두글레르 소스(Duglere Sauce)
• 베르시 소스(Bercy Sauce)
• 노일리 소스(Noilly Sauce)
• 노르망디 소스(Normand Sauce)
• 베이컨을 감은 연어구이 (Roasted Fillet of Salmon with Smoked Bacon)
• 치즈와 허브 크러스트를 올린 농어구이와 화이트와인 소스 (Cheese and Herbs Crusted Grilled Sea-bass and White Wine Sauce)

화이트와인 소스(White Wine Sauce) 개요

포도주는 소스 만들 때 가장 많이 사용하는 재료이다. 미르포아를 데글레이즈할 때는 꼭 사용한다. 포도주를 넣으면 알코올이 없어지고 포도주의 포도즙 맛이 농축되어 소스의 맛이 좋아진다.

포도주는 타닌(떫은맛)이 들어 있어 너무 많이 졸인다고 좋은 것은 아니다. 포도주마다 맛이 다르므로 많은 경험으로 질 높은 소스를 만들기 위해 많은 연구를 해야 한다.

포도주를 졸이면 알코올은 날아가고 소스에 다양한 풍미를 갖게 하며, 주재료에서 나는 냄새를 제거한다는 것을 기억해야 한다. 포도주는 맛이 씁쌀해서 졸이면 신맛과 감칠맛이 나면서 소스에 맛의 균형을 이루어준다.

화이트와인은 싼 가격의 것을 쓰지 않아야 하고 가격이 허용되는 범위 내에서 질 좋은 포도주를 쓰는 것이 주방장의 자존심이 아닌가 생각한다. 소스에서 알코올은 소스에 진한 맛과 다양한 향기를 추가해 주는 것으로 본다. 소스에 많이 쓰이는 포도주는 마데이라인데, 포도주에 타닌이 많아 갈색 소스에 가장 많이 이용되고 있다.

샴페인은 소스가 다 만들어진 후에 향기를 추가하는 용도로 써야 한다. 가격이 비싸기 때문에 졸이기보다는 소스 완성 직전에 넣는 것이 좋다.

화이트와인 소스(White Wine Sauce)는 생선요리에 가장 많이 이용되는 생선육수의 모체소스로써 매우 중요하다. 만드는 법은 다양하지만 중요한 것은 생선육수를 어떻게 제조하는가에 달려 있다.

생선육수에 루를 넣어 만드는 소스를 Fish Veloute소스라고 한다. 그러나 호텔에서는 이 소스를 화이트와인 소스라고 한다. 이 소스는 주로 생선요리에 쓰이며, 생선육수와 와인, 루가 조화된 최고급 소스로 알려져 있다. 화이트와인 소스를 얼마나 잘 만드는지에 따라 셰프의 실력이 판명된다고 하는 셰프들도 있다.

프랑스 요리와 와인은 가장 좋은 궁합으로 알려져 있어 생선요리를 할때 화이트와인 소스가 중요하다.

소스는 요리를 보조하는 역할이므로 강한 맛의 와인이 부각되어 주재료인 생선 본연의 맛을 사라지게 해서는 안 된다. 그래서 와인은 항상 1/2 정도 졸여서 알코올을 제거하고 포도 고유의 맛만 소스에 섞이도록 해야 한다.

생선육수에 루를 넣어 만든 생선 벨루테는 화이트와인 소스가 유명하다. 이 소스의 파생소스로는 노르망디 소스, 베르시 소스 등이 있다.

- 베르시 소스(Bercy Sauce)
  생선 스톡 + 생선 벨루테 + 다진 샬롯 + 버터 + 화이트와인

- 카르디날 소스(Cardinal Sauce)
  생선 스톡 + 생선 벨루테 + 생크림 + (파프리카/카옌페퍼) + 바닷가재 살 + 버터

- 노르망디 소스(Normand Sauce)
  생선 스톡 + 생선 벨루테 + 양송이 + 달걀노른자 + 생크림

노르망디 소스(Normand Sauce)는 화이트와인 소스에 생크림과 달걀노른자를 넣어 농도, 맛, 향, 색을 조정한 다음 생선이나 갑각류 등을 익혀 접시에 담아 샐러맨더의 색을 내는 데 주로 사용된다. 용도는 다양한데 치즈를 추가로 뿌려 색을 내기도 한다.

베르시 소스(Bercy Sauce)에서 베르시란 이름은 파리 근처의 위성도시로 술(포도주) 집산지의 이름으로 유명하다. 1820년부터 이 지역의 작은 레스토랑에서 포도주로 요리한 여러 음식에 주어진 이름이다. 대부분 마늘, 양파와 포도주를 곁들이거나 마늘, 양파로 만든 버터와 함께 서비스되었다.

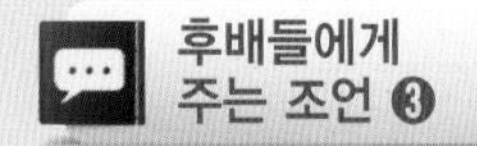

공부하는 셰프는 성공한다

조리사 중에는 공부를 많이 한 사람도 있고, 공부를 안 한 사람도 있다. 필자는 직장에 다니면서 학교도 다녔는데 그 당시 사람들이 왜 힘들게 학교와 직장 두 가지 일을 하느냐고 말들이 많았다. 나는 많이 배울수록 자기가 하는 일에 도움이 된다고 생각한다.
조리원리를 이해하면서 조리를 하면 이해도가 빨라지고 호기심도 해결할 수 있다. 나도 한때는 힘든 조리사 말고 마케팅 부서에서 근무하려 했지만 이 방향으로 가고자 결정했기에 성공하려면 공부가 필요하다는 생각에 이 길을 가고 있다.
학교에서 학생들을 지도하다 보면 학교 그만두고 창업하여 돈 벌겠다는 학생들이 가끔 있다. 나는 결사반대한다. 그동안 열심히 공부하지 않고 성공한 조리사는 한 명도 못 봤기 때문이다. 성공하려면 그 분야에 대하여 열심히 공부해야 한다. 다른 분야 공부는 학교 공부와 사회 일이 다르므로 조리과는 열심히 공부하면 현장에서 유능한 사원으로 인정받는다.
공부는 암기해서 성적을 높이는 것도 중요하지만 공부하면서 참을성도 기르고 문제 해결을 위하여 노력하면서 얻는 원리 터득이 더 중요하다고 생각한다.
일이 잘 안 풀릴 때 극복하는 방법은, 학교 다닐 때 동아리 활동하면서 나름 어려운 일을 해결하던 기분으로 일하면 안 되는 것이 없다고 생각한다. 공부하면 좋은 일은 참으로 많다. 조리사 하면서 저녁에 학교 다니는 학생들을 보면 효과적으로 조리하는 방법을 찾으려는 노력이 보인다. 이런 학생은 꼭 성공한다. 해보지도 않고 우리 업계가 전망이 없다고 신세 한탄만 하면 어느 분야에 가도 성공하기 어렵다. 어떤 책을 보니 어떤 공부든지 이를 악물고 해야 한다고 한다. 그래야 능률도 오르고 창의성도 높아진다고 하는 이야기에 동감이 간다.

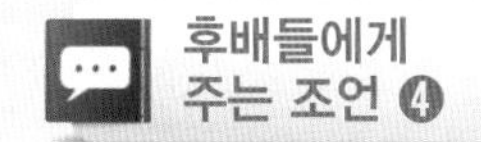

조리사의 꿈

조리사는 꿈이 많다. 대충 요리만 하겠다는 젊은이는 없다.
나에게 오는 요리 지망생들 대부분은 꿈이 매우 크다. 한국 제일의 셰프가 되겠다는 사람, 창업을 하고자 하는 사람, 해외에서 공부하여 교수가 되고 싶다는 사람, 조리를 통해서 유통업을 크게 하겠다는 사람도 있다. 가끔은 해외에서 한식당을 개업하여 한국음식을 알리는 전도사가 되겠다는 애국적인 사람, 우리의 요리를 세계적으로 알리는 일을 하고 싶다는 사람도 있다.
선배로서, 험난한 그 길을 먼저 걸어온 사람으로서, 모든 이들의 큰 꿈은 인정하고 싶다. 그러나 큰 꿈을 이루려면 많은 노력이 필요한데, 꿈을 이루기 위한 준비는 많지 않는 것 같아서 참 걱정스럽다.
프랑스 유학시절을 되돌아보니, 그곳에서 경험한 셰프들의 꿈은 식당을 개업하여 자신의 요리를 손님들에게 제공하는 것이었다. 일본도 프랑스와 비슷한데, 젊었을 때 많이 배우고 경험하다가 나이가 조금 들면 자신만의 식당을 열고 싶어 한다. 예를 들면 일본의 유명한 요리사 '노부'도 젊었을 때 남미에서 고생하면서 일한 다음, 미국에서 식당을 개업하여 성공하였다. 나는 그의 자서전을 읽고 그의 고생과 도전정신에 새삼 대단함을 느꼈다.
프랑스에서 성공한 셰프들은 금전적으로도 매우 유복하며, 사회적 명망이 있다. 그곳의 셰프들은 훌륭한 셰프로부터 배우고 경험한 것을 평생의 자랑으로 여기며 자부심을 가지고 있었다.
우리도 자신의 일과, 자신의 요리에 대한 긍지를 가지고 조리사로서의 꿈을 키워나가야 한다. 나는 개인적으로 젊은 조리사들이 이 글을 읽고 자신과 잘 어울리는 큰 꿈을 꾸었으면 하는 바람이다. 조리사들이 가져야 할 큰 꿈은 그 무엇보다 자신만의 철학이 담긴 요리를 고객에게 전달했을 때 느끼는 기쁨이나 성취감이어야 한다.

화이트와인 소스(White Wine Sauce)

1 화이트와인 소스를 만드는 방법을 알 수 있다.
2 화이트와인 소스를 이용한 다양한 파생소스 만드는 능력을 키울 수 있다.
3 다양한 포도주를 이용하여 화이트와인 소스를 만들 수 있다.

모체소스

화이트와인 소스(White Wine Sauce)

재료 및 분량(산출량 1L)

생선육수(Fish stock)______1L
양송이버섯(Button mushroom) 100g
월계수잎(Bay leaf)______1leaf
화이트와인(White wine)_120ml
루(Roux)______________20g
파슬리(Parsley)___________5g
생크림(Fresh cream)___600ml
소금(Salt)·**후추**(Pepper) 약간씩
양파(Onion)___________20g

조리도구

냄비, 나무주걱, 계량컵
계량스푼, 체

소스전문가 Tip

1. 루를 만든다.
2. 생선육수를 만든다.
3. 루에 육수를 섞는다.
4. 끓인 후 소창에 거른다.
5. 양념하여 사용한다.

만드는 법

1 생선육수에 술과 양송이 기둥, 파슬리 줄기와 월계수잎을 넣어 1/3 정도 은근히 졸인다.
2 졸인 후 약한 갈색이 나올 때까지 더 졸인다.
3 생크림의 온도가 너무 차가우면 분리될 가능성이 높다.
4 생크림을 넣고 끓일 때 생크림이 끓어 넘치면 소스의 맛도 떨어지며 농도가 맞지 않는다.
5 생크림을 넣고 10분 정도 끓인 후 소금, 후추로 간을 하고 농도를 맞춘 뒤 체에 한번 거른 다음 식혀서 사용한다.

평가기준

- 소스의 색, 농도, 향
- 화이트와인의 비율

*루 대신 뵈르 마니에를 사용하는 셰프도 있다.

- 화이트와인 소스는 냉동시켰다 사용하면 분리된다.
- 소스의 농도를 맞춘 후 오래 끓이면 안 된다.
- 생선육수에서 비린내가 나면 안 된다.
- 화이트와인 소스를 만들 때 크림을 졸여서 넣는다. (졸이지 않고 그냥 넣으면 분리될 가능성이 높다)
- 5.3.1 스타일 : 5L의 소스를 만들기 위해 5L의 육수, 3L의 생크림, 1병의 화이트와인이 들어간다는 의미로 초보자들에게 화이트와인 소스의 비율을 쉽게 가르쳐주기 위한 방법이다.
- 생선육수에는 흰살생선 뼈를 주로 이용한다.

낭투아 소스(Nantua Sauce)

이 소스는 바닷가재 버터를 화이트와인 소스에 첨가하여 만든 소스이다. 일부 셰프들은 베샤멜 소스에 바닷가재 버터를 넣어서 만들기도 한다. 바닷가재 버터 대신 아메리칸 소스를 만들어 섞기도 한다. 이 소스는 주로 생선요리, 새우요리, 바닷가재요리에 쓰인다.

화이트와인 + 생크림 + 레몬주스 + 아메리칸 소스 + 타바스코 소스 + 소금

홍합소스(Mussel Sauce)

이 소스는 화이트와인 소스를 만들 때 생선육수 대신 홍합육수를 넣어서 만든 것으로 값이 싸고 맛이 우수한 것이 장점이다. 단점은 육수가 졸아들면 염도가 높아진다는 것이다.

이 소스는 생선요리, 갑각류 요리에 많이 쓰인다.

만드는 법: 냄비를 뜨겁게 달군 후 손질한 홍합을 넣고 화이트와인을 홍합 1kg에 300ml 정도 넣은 다음 뚜껑을 닫으면 자동으로 신선한 홍합의 껍질이 벌어진다. 홍합을 꺼내고 육수를 걸러서 사용하면 맛있는 육수가 제조된다.

굴소스(Oyster Sauce)

이 소스는 화이트와인 소스에 굴육수를 넣어서 만드는 것이다. 주로 생선요리, 갑각류, 파스타 요리에 쓰인다. 굴소스를 응용한 파스타 요리를 소개해 보면, 화이트와인 소스 또는 베샤멜 소스에 시중에서 판매하는 굴소스를 넣고 끓이다가 마지막에 고추기름을 약간 넣으면 우수한 굴소스 파스타 요리가 완성된다.

생선요리에는 화이트와인 소스에 굴육수를 넣은 후 치즈를 넣어 사용하면 인기 있는 소스가 된다.

새프런 소스(Saffron Sauce)

이 소스는 노란색의 대명사인 새프런 향신료로 만든 고급 생선소스로 가리비, 흰살생선요리 등에 많이 쓰인다. 이 향신료는 맛이 순하고 약간 씁쓸하며 단맛이 나는 것이 특징이다. 이와 비슷한 우리나라 향신료인 치자는 많이 첨가할수록 쓴맛이 나므로 주의해야 한다.

호텔의 소스를 만드는 셰프들은 생선육수를 1/5로 줄인 후에 생크림을 넣고 여기에 새프런을 넣어서 농도를 조절하여 사용하는 경우도 있다. 하지만 화이트와인 소스에 새프런을 넣어서 생선 전용 소스로 사용하면 인기 있는 소스가 된다.

화이트와인 소스 + 새프런 + 생크림 + 소금 · 후추

두글레르 소스(Duglere Sauce)

이 소스는 화이트와인 소스에 마늘, 버섯, 파슬리를 넣어서 만든 생선요리 소스이다. 소스 마지막에 화이트와인을 조금 첨가하여 소스의 향을 내기도 한다.

노르망디 소스(Normand Sauce)

이 소스는 화이트와인 소스에 레몬주스, 생크림을 넣고 달걀노른자로 농도를 맞추는 것이 특징이다.
주로 굴, 새우, 생선 요리 등에 사용된다.
요즘 이 소스는 다양한 요리에 곁들여지고 있다.

노일리 소스(Noilly Sauce)

이 소스는 화이트와인 소스에 노일리 와인과 파슬리, 생크림, 양송이 등을 넣어서 만든다. 여기에 쓰이는 포도주는 Dry한 것으로 마르세유 지방 포도주인데 향이 좋은 것이 특징이다.
오크통을 햇빛에 건조시키면서 향신료를 넣고 만드는 것으로 알려져 있다.

Roasted Fillet of Salmon with Smoked Bacon

베이컨을 감은 연어구이
(Roasted Fillet of Salmon with Smoked Bacon)

재료 및 분량(4인분)

연어(Salmon)_________480g
베이컨(Bacon)_________80g
시금치(Spinach)_______400g
다진 양파(Crushed onion)__20g
다진 마늘(Crushed garlic)__10g
방울토마토(Cherry tomato)_12ea
감자(Potato)_________300g
버터(Butter)__________40g
화이트와인 소스
(White wine sauce)______120ml
올리브오일(Olive oil)__200ml
월계수잎(Bay leaf)__2leaves
소금(Salt)·**후추**(Pepper)_약간씩

- 생선은 흰살생선을 사용한다.
- 가니시 중 감자는 자주 바꾸어주는 것이 좋다.
- 가니시는 세 가지 이상의 조리법을 사용하는 것이 좋다.

만드는 법

1 연어는 뼈를 발라내고 껍질을 벗겨 가로 10cm, 세로 7cm의 네모로 자른다.
2 시금치는 줄기를 제거하고 잎을 끓는 소금물에 데쳐 물기를 제거하여 준비한다.
3 방울토마토는 껍질을 벗겨 올리브오일에 살짝 데워둔다.
4 감자는 Parisienne Knife로 구슬 모양으로 파서 익혀둔다.
5 연어는 팬에 살짝 색을 낸 뒤 베이컨으로 감싸서 190℃의 오븐에 5분 정도 익힌다.
6 물기 제거한 시금치는 올리브오일 두른 팬에 다진 양파, 마늘과 함께 소테하고 버터로 글레이징하여 접시 중앙에 담는다.
7 소테한 시금치 위에 연어를 올려 담고 주위에 방울토마토, 감자를 보기 좋게 담고 화이트와인 소스를 담아 마무리한다.

요리 실습 전에 화이트와인 소스를 만든다.
준비한 화이트와인 소스에 추가로 재료를 넣어 파생 화이트와인 소스를 만들어 요리에 곁들인다.

평가기준

- 소스의 농도와 색 맛 향기
- 소스의 양
- 생선과 소스의 조화

Cheese and Herbs Crusted Grilled Sea-bass and White Wine Sauce

치즈와 허브 크러스트를 올린 농어구이와 화이트와인 소스

(Cheese and Herbs Crusted Grilled Sea-bass and White Wine Sauce)

재료 및 분량(4인분)

- 농어(Sea-bass) 480g
- 버터(Butter) 80g
- 생크림(Fresh cream) 200ml
- 화이트와인(White wine) 200ml
- 레몬주스(Lemon juice) 20ml
- 다진 양파(Crushed onion) 20g
- 브로콜리(Broccoli) 40g
- 당근(Carrot) 40g
- 호박(Pumpkin) 120g
- 감자(Potato) 120g
- 방울토마토(Cherry tomato) 4ea
- 연근(Lotus root) 40g
- 소금(Salt)·후추(Pepper) 약간씩

〈허브 크러스트 Herb Crust〉

- 빵가루(Bread crumbs) 80g
- 파마산치즈(Parmesan cheese) 20g
- 타임(Thyme) 4g
- 바질(Basil) 4g
- 딜(Dill) 4g
- 파슬리(Parsely) 40g
- 다진 양파(Crushed onion) 40g
- 버터(Butter) 30g
- 난황(Egg yolk) 2ea

- 생선은 흰살생선을 사용한다.
- 가니시 중 감자는 자주 바꾸어주는 것이 좋다.
- 가니시는 세 가지 이상의 조리법을 사용하는 것이 좋다.

만드는 법

1 농어 120g씩을 잘라서 소금, 후추로 간을 하여 밀가루를 바르고 팬프라이한다.
2 양쪽 표면이 살짝 구워지면 허브 크러스트를 덮어 오븐에서 익힌다.
3 다 익으면 절반을 잘라 접시에 담고 브로콜리, 당근, 감자, 호박, 방울토마토를 곁들인다.
4 다진 양파를 버터에 살짝 볶다가 화이트와인과 생크림을 넣고 소스를 만들어 체에 걸러서 소금, 후추, 레몬주스를 넣고 간을 맞추어 화이트와인 소스를 완성한다.
5 접시에 ③의 채소를 보기 좋게 놓고 아래에 생선과 소스를 담아 완성한다.

요리 실습 전에 화이트와인 소스를 만든다.
준비한 화이트와인 소스에 추가로 재료를 넣어 파생 화이트와인 소스를 만들어 요리에 곁들인다.

〈허브 크러스트〉

1 양파를 버터에 투명해질 때까지 볶는다.
2 믹싱 볼에 담고 빵가루, 파마산치즈, 허브, 난황, 버터를 넣고 섞는다.
3 반죽의 농도는 손으로 얇게 펼 수 있는 정도로 한다.

평가기준

- 소스의 농도와 색 맛 향기
- 소스의 양
- 생선과 소스의 조화

4 Basic 쇠고기 벨루테

알망드 소스(Allemande Sauce)는 쇠고기육수에 루를 첨가하여 만든 모체소스로 송아지 고기에 많이 사용한다. 알망드 소스는 주방에서 많이 사용하지는 않지만 꼭 알아두어야 할 소스이다. 특징은 달걀노른자로 마지막 농도, 색, 향, 맛을 조절하는 것이다.

파생소스는 라비고트 소스와 양송이 소스가 있다.

모체소스	파생소스	응용요리
알망드 소스(Allemande Sauce)	• 라비고트 소스(Ravigote Sauce) • 양송이 소스(Button Mushroom Sauce)	• 알망드 소스를 곁들인 니스식 안심 스테이크 (Nice Style Roasted Beef Tenderloin Steak with Allemande Sauce) • 양송이 소스와 닭다리 요리 (Chicken Leg with Button Mushroom Sauce)

알망드 소스(Allemande Sauce) 개요

색으로 소스를 분류할 때 벨루테 소스는 화이트 소스군에 속한다. 화이트 소스는 육수(닭, 쇠고기, 생선, 채소, 우유)에 루(Roux) 버터와 밀가루를 넣어 색이 나도록 볶은 후 첨가하여 만드는 것이다. 이 소스는 루를 어떻게 만드느냐와 어떤 육수를 첨가하느냐에 따라 이름이 달라진다.

대표적인 벨루테 소스는 우유를 넣은 크림소스로 일명 베샤멜 소스라고도 한다. 쇠고기 육수에 루를 넣은 것을 알망드 소스라 하고 닭육수에 루를 넣은 것을 슈프림 소스, 생선육수에 루를 넣은 것은 생선 벨루테 또는 화이트와인 소스라고도 한다.

네 가지 소스가 요리에 많이 사용되므로 학생들은 중요 레시피를 꼭 암기해야 한다. 그리고 파생소스도 알아두면 나중에 셰프가 되었을 때 유용하게 활용할 수 있다.

벨루테 소스는 루가 중요하다. 참고로 루는 지방과 밀가루를 함께 섞어서 만드는 것이며 루는 얼마나 요리했는지에 따라 3단계로 나누어진다. 즉 흰색, 금색, 갈색이다.

끓는 물은 절대 뜨거운 루에 넣지 않는다. 넣으면 덩어리가 생길 수 있고 뜨거운 증기에 의해 화상을 입을 위험이 있기 때문이다.

루를 이용해 소스를 만들 때 미지근한 온도에 장기간 두면 밀가루의 화학작용에 의해 소스의 농도가 묽어질 수 있다.

- **흰색 루 사용** : 베샤멜 소스(흰색 소스)

  동량의 버터와 밀가루를 몇 분간 색이 나지 않도록 조리한다.
- **황금색 루 사용** : 벨루테 소스

  동량의 버터와 밀가루를 흰색 루보다는 장시간 조리하지만 색이 나지 않게 조리한다.
- **갈색 루 사용** : 데미글라스 소스(갈색 소스)

  갈색 루로 필요 이상 요리하면 전분이 화학작용으로 변하고 농후제로서의 작용을 하지 못하게 된다. 이것은 또한 지방이 분리되게 하며 수프나 소스의 표면에 따로 겉돌게 만든다. 이는 필요 이상의 루를 사용하게 만들고 나쁜 풍미를 주게 된다.

우리나라에서는 소고기육수 벨루테는 많이 사용하지 않는다. 닭육수 벨루테를 주로 많이 쓴다.

알망드 소스(Allemande Sauce)

실습 목표

1 알망드 소스 만드는 방법을 알 수 있다.
2 알망드 소스를 이용한 다양한 파생소스 만드는 능력을 키울 수 있다.
3 사골육수를 이용하여 알망드 소스를 만들 수 있다.

모체소스

알망드 소스(Allemande Sauce)

재료 및 분량(산출량 200ml)

쇠고기육수(Beef stock) _250ml
밀가루(Flour) __________ 15g
무염버터(Unsalted butter) ___15g
달걀노른자(Egg yolk) __1/2ea
생크림(Fresh cream) ____ 20ml
레몬(Lemon) _________ 1/8ea
너트메그(Nutmeg) ________1g
카옌페퍼(Cayenne pepper) _약간
소금(Salt) ____________ 약간

만드는 법

1 냄비에 버터를 색이 안 나게 녹인다.
2 밀가루를 체에 내리고 녹인 버터에 첨가한다.
3 색이 안 나게 4~5분간 잘 저으며 볶는다.
4 색이 황금색이 되면 찬 육수를 넣고 주걱으로 잘 저어주며 끓여 알망드 소스를 완성시킨다.
5 여기에 노른자와 생크림을 섞어서 만두 Liaison을 만들어 넣어 농도를 맞춘 후 고운체로 걸러준다. 너무 뜨거우면 달걀노른자가 익어버리므로 온도조절에 유의한다.
6 마지막으로 레몬즙과 카옌페퍼, 소금으로 간을 맞춘다.

평가기준

• 소스의 농도
• 달걀노른자의 익힘 정도

• 농도를 맞출 때 달걀이 익지 않도록 한다.
• 일단 농도가 맞추어진 상태에서는 다시 끓이지 않는다. 다시 끓이면 농후제에 덩어리가 생길 수 있기 때문이다.
• 달걀노른자를 불에서 내린 뒤 식혀서 넣고 농도를 조절한다.

라비고트 소스(Ravigote Sauce)

재료 및 분량(산출량 200ml)

화이트와인(White wine) 100ml **알망드 소스**(Allemande sauce) 200ml **샬롯 버터**(Shallots butter) 50g **다진 파슬리**(Crushed parsley) 1g **다진 처빌**(Crushed chervil) 1g **다진 타라곤**(Crushed Taragon) 1g **화이트와인 식초**(White wine vinegar) 300ml

조리도구

도마, 칼, 저울, 계량컵, 소스 팬, 냄비, 거즈, 믹싱 볼, 나무주걱

만드는 법

1 화이트와인과 와인식초를 1/2로 졸인 뒤 알망드 소스를 넣고 끓인다.
2 간을 하여 샬롯 버터를 잘 섞고 다진 허브를 첨가하여 완성한다.
3 소금, 후추는 샬롯 버터에 있으므로 추가로 넣지 않는다.

평가기준

- 소스의 농도
- 소스의 색

- 와인을 첨가할 때는 완전히 졸여서 알코올을 날려보낸 뒤 사용한다.
- 샬롯 버터 만들기(샬롯 촙 150g + 버터 250g + 소금, 카옌페퍼를 섞은 것)
  1. 위의 샬롯 버터 재료들을 버터에 섞는다. (버터는 상온에 두어 말랑말랑해야 만들기 좋다. 다 만든 후에는 냉동 보관한다.)
  2. 무염버터로 만든 생버터 소스 중 하나이다.

양송이 소스(Button Mushroom Sauce)

재료 및 분량(산출량 200ml)

알망드 소스(Allemande sauce) 150ml **버섯주스**(Mushroom juice) 10ml **무염버터**(UnSalted butter) 30g **양송이버섯**(Buttom mushroom) (1/8로 자른 것) 60g **생크림**(Fresh cream) 20ml **마늘**(Garlic)(dice한 것) 5g **양파**(Onion)(dice한 것) 10g **브라운 소스**(Brown sauce) 30ml **버섯 쿨리**(Mushroom coulis) 10g **소금**(Salt)·**후추**(Pepper) 약간씩

조리도구

냄비, 나무주걱, 도마, 칼, 계량컵, 계량스푼, 프라이팬

만드는 법

1 알망드 소스를 냄비에 끓인다.
2 버섯주스를 같이 넣고 끓인다.
3 양송이버섯, 마늘, 양파는 프라이팬에 소테한다.
4 알맞은 농도가 되면 냄비를 불에서 내리고 버터와 소테한 양송이, 마늘, 양파를 넣는다.
5 준비한 브라운 소스, 생크림, 버섯 쿨리를 넣는다.
6 마지막에 소금, 후추로 간하여 소스를 마무리한다.

평가기준

- 소스의 농도와 색
- 버섯의 크기
- 소스의 염도

- 양송이버섯은 흐르는 물에 깨끗이 씻어 썰어둔다.
- 양파는 껍질을 벗겨 소스용으로 곱게 다진다.
- 프라이팬에 버터를 녹인 후 버섯을 볶으면 물이 나오는데 이것이 버섯주스이다.

Nice Style Roasted Beef Tenderloin Steak with Allemande Sauce

알망드 소스를 곁들인 니스식 안심 스테이크
(Nice Style Roasted Beef Tenderloin Steak with Allemande Sauce)

재료 및 분량(4인분)

안심(Beef Tenderloin)____600g
정제버터(Clarified butter)__60g
그린빈스(Green beans)___80g
알망드소스(Allemande sauce)____________360ml
감자(Potato)__________240g
당근(Carrot)__________160g
방울토마토(Cherry tomato)_4ea
로즈메리(Rose mary)_1steam
올리브오일(Olive oil)__200ml
소금(Salt)·**후추**(Pepper)_ 약간씩

- 가니시로 당근 대신 대파 썬 것을 올려도 좋다.
- 응용소스인 오로라 소스, 폴레테 소스 등을 곁들여도 무방하다.
- 감자와 단호박을 매시로 만들어 제공해도 좋다.

만드는 법

1 그린빈스는 양쪽 끝을 잘라 손질하고 끓는 소금물에 살짝 데쳐낸다.
2 감자는 샤토 모양으로 다듬어서 삶아놓는다.
3 당근은 채썰어 160℃의 기름에 튀겨낸다.
4 방울토마토는 껍질 벗겨 따뜻한 올리브오일에 간을 하여 담아둔다.
5 소고기 안심의 양쪽에 소금, 후추를 뿌려준다.
6 정제버터를 두른 팬에 안심을 구워준다.
7 접시에 그린빈스와 감자를 놓는다.
8 그 위에 구운 안심 스테이크를 올리고 밑부분에 알망드 소스를 뿌려준다.
9 스테이크 위에는 로즈메리로 장식한다.

요리 실습 전에 알망드 소스를 만든다.
준비한 알망드 소스에 추가로 재료를 넣어 파생 알망드 소스를 만들어 요리에 곁들인다.

평가기준

- 소스의 색, 맛, 향, 농도
- 접시에 담은 모양
- 안심의 손질 및 익힘 정도
- 감자 모양

Chicken Leg with Button Mushroom Sauce

양송이 소스와 닭다리 요리
(Chicken Leg with Button Mushroom Sauce)

재료 및 분량(4인분)

알망드 소스
(Allemande sauce)_____360ml
닭다리살(Chicken legs)____4ea
양송이버섯(Button Mushroom) __________160g
버터(Butter)__________ 50g
올리브오일(Olive oil)___30ml
알감자(Potato)________300g
방울토마토(Cherry tomato)_8ea
파슬리(Parsley)__________6g
실파(Small green onion)_____6g
브로콜리(Broccoli)_____120g
설탕(Sugar)·**소금**(Salt)·**후추**(Pepper)____________약간씩

소스전문가 Tip

- 닭가슴살을 사용해도 무방하다.
- 응용소스로는 알망테에 생크림과 겨잣가루, 호스래디시같이 약간 매운 양념을 첨가해도 된다.

만드는 법

1 닭다리에 올리브오일과 소금, 후추로 간을 해놓는다.
2 팬에 기름을 두르고 ①을 센 불에서 노릇하게 색을 낸 뒤 200℃의 오븐에서 30분 정도 익힌다.
3 브로콜리는 끓는 소금물에 익혀둔다.
4 당근 글레이징을 한다. 작은 냄비에 동그랗게 모양낸 당근과 약간의 물을 넣고 버터 한 조각, 설탕 약간, 소금으로 간을 해서 익힘과 동시에 조려서 윤기를 낸다.
5 알감자는 껍질째 소금물에 익힌 뒤 건져서 4등분하고 팬에 버터를 녹여 감자를 색이 나게 소테한 뒤 다진 파슬리를 넣고 섞어준다.
6 소스는 양송이를 슬라이스해서 버터에 볶아준다. 다 볶아지면 알망드 소스를 넣고 천천히 끓인 후 생크림으로 농도를 맞추고 간을 한다.
7 접시에 가니시 채소를 윗부분에 담고 실파와 파슬리로 장식한다. 마지막으로 잘 익은 닭다리를 놓고 양송이 소스를 보기 좋게 담아 완성한다.

요리 실습 전에 알망드 소스를 만든다.
준비한 알망드 소스에 추가로 재료를 넣어 파생 알망드 소스를 만들어 요리에 곁들인다.

평가기준

- 소스의 색, 맛, 향, 농도
- 닭고기 손질
- 양송이버섯의 색

5 Basic 토마토 소스

토마토를 재료로 이용한 소스는 토마토 소스이다. 파생소스로는 이탈리안 소스와 피자소스 등이 있다. 토마토 소스와 어울리는 향신료로는 바질이 있다.

토마토 소스(Tomato Sauce)는 신선한 토마토 또는 캔에 담긴 토마토로 만들 수 있다. 신선한 토마토들이 최상의 상태에 달했을 때, 이것을 광범위하게 사용하는 게 현명한 것이다. 즉 제철의 재료가 아닐 경우 캔 토마토를 사용하는 게 더 좋다는 뜻이다. 로마(Roma)라고도 불리는 플럼(Plum)토마토는 일반적으로 껍질이나 씨에 비하여 과육의 비율이 높기 때문에 토마토 소스로 더욱 선호되고 있다.

모체소스	파생소스	응용요리
토마토 소스 (Tomato Sauce)	• 피자소스(Pizza Sauce) • 이탈리안 소스(Italian Sauce) • 프로방살 소스(Provencale Sauce)	• 표고버섯과 토마토 오일소스를 곁들인 돼지등심요리 (Grilled Porkloin with Creamy Shiitake Mushrooms and Celeriac Mash, Tomato Oil Sauce) • 토마토 소스를 곁들인 해산물 스파게티 (Seafood Spaghetti with Tomato Sauce)

토마토 소스(Tomato Sauce) 개요

Tomato 소스는 서양요리에서 갈색 소스 다음으로 많이 활용될 정도로 많이 사용되는 기본적인 소스 중 하나로 좋은 토마토 소스는 신선한 토마토 또는 캔에 담긴 토마토로 만들 수 있다. 신선한 토마토들이 최상의 상태에 달했을 때, 이것을 광범위하게 사용하는 게 현명한 것이다. 즉 제철의 재료가 아닐 경우 캔 토마토를 사용하는 게 더 좋다는 뜻이다. 로마(Roma)라고도 불리는 플럼(Plum)토마토는 일반적으로 껍질이나 씨에 비하여 과육의 비율이 높기 때문에 토마토 소스로 더욱 선호되고 있다. 소스에 적합한 향신료로는 바질, 마늘, 오레가노 등이 있다.

신선한 토마토는 소스를 만들기 위해 껍질을 벗기고 씨를 제거해 주며, 또한 간단히 씻어서 심을 제거하고 4등분하거나 잘게 자른다. 캔에 담긴 토마토는 껍질이 벗겨져 있고 덩어리져 있거나 갈라져 있거나 또는 이 두 가지 형태가 섞인 혼합물이다. 때때로 토마토 페이스트가 소스에 더해지기도 한다.

토마토는 당분과 유기산이 약 65% 정도이고 소스를 걸쭉하게 하는 탄수화물이 약 20% 정도 있다. 토마토 퓌레는 수분이 30%이며 페이스트는 20% 정도의 수분이 함유되어 있다. 그래서 소스는 페이스트를 쓰고 수프나 묽은 소스는 퓌레를 사용하여 요리에 곁들인다. 마지막으로 토마토 쿨리는 퓌레보다 더 농축시킨 것을 말하는데 식감이 부드러운 것이 특징이다.

토마토는 산성물질을 많이 함유하고 있기 때문에 산화처리되는 알루미늄 또는 스테인리스스틸과 같이 반응을 일으키지 않는 물질로 만들어진 두껍고 무거운 냄비를 선택한다. 이 냄비의 두께는 매우 중요하다. 토마토에는 당분물질이 많이 들어 있으므로 소스가 눌어붙지 않도록 하기 위하여 뜨거운 지점 없이 열이 고르게 전달되도록 해줄 필요가 있기 때문 이다.

토마토는 건강식품으로 많이 알려지면서 인기가 높아졌다. 생토마토보다는 열을 가한 것이 우수하다는 연구논문이 많이 나온다.

토마토 소스에는 크게 두 가지가 있다. 이탈리아 스타일은 토마토와 마늘, 양파를 올리브유에 볶아 면요리에 많이 이용하며, 프랑스 스타일 소스는 토마토에 밀가루를 볶은 루가 첨가되어 수프와 비슷한 느낌을 주는 프랑스 고전 소스이다.

요즘 이탈리아 레스토랑에서는 전자의 토마토 소스를 많이 쓴다. 이 소스는 절대로 체에 거르지 않는다. 토마토 페이스트는 최대한 적게 넣는 대신 캔으로 포장된 토마토 홀과 생토마토를 반반 섞어 1시간 정도 끓인 뒤 향신료를 넣는 것이 기본이다.

이탈리아 셰프들은 토마토 소스에 레몬을 반으로 썰어 소스에 담가두었다가 쓰는 경우도 종종 보았다. 이것은 고기와 생선에 잘 어울리는 소스로, 비린내를 감소시키고 신맛으로 식욕을 자극하는 역할을 하기도 한다. 피자소스와 해산물 토마토 소스 등으로 응용할 수 있다.

토마토를 재료로 이용한 소스는 토마토 소스이다. 파생소스로는 이탈리안 소스와 피자소스 등이 있다. 토마토 소스와 어울리는 향신료로는 바질이 있다.

참고사항

- 생토마토를 사용하거나 조리된 토마토를 사용하여 만들기도 하며, 그에 따라 조리시간도 몇 분에서 몇 시간으로 달라진다.
- 조리 시에 사용하는 지방으로는 올리브오일이나 돼지고기 지방 또는 로스트(Roasted)한 송아지 같은 고기와 미르포아(Mirepoix) 등이 있다.
- 토마토 소스를 만들 때에는 플럼(Plum or Roma)토마토 종류가 가장 좋다. 왜냐하면 껍질과 씨의 비율보다 과육의 비율이 훨씬 많기 때문이다.
- 토마토는 당과 산이 높은 편이기 때문에 냄비 바닥에 눌어붙지 않도록 열이 고루 잘 분산되는 구리냄비 같은 냄비의 선택이 중요하다.
- 농후제로 농도를 맞추지 않고 토마토와 채소, 스파이스 등 여러 가지 재료들을 혼합하여 퓌레 형식으로 농도를 조절한다.
- 토마토 소스를 보다 더 맛있고 향과 풍미 및 느낌이 좋도록 생산하려면 사용되는 채소와 향신료도 중요하지만, 시거나 떫지 않고 너무 달지 않은 토마토 자체의 맛이 가장 중요하다.

이탈리안 소스(Italian Sauce)는 1275년 원나라시대에 이탈리아의 상인 마르코 폴로가 실크로드를 경유하여 원나라 세조를 알현하였을 때 먹어본 중국 면요리의 맛이 너무 좋아 귀국 후 중국에서 직접 맛본 면요리를 만들어 많은 사람들에게 선보였고 이 면요리가 점차 대중화되면서 오늘날 이탈리아의 상징적 음식인 스파게티가 되었다는 설이 있다.

피자소스(Pizza Sauce)는 피자의 전체적인 맛을 좌우하는 재료이다. 토마토 페이스트나 토마토 홀을 쓰는 것이 일반적이나 이탈리아에서는 토마토 원형을 그대로 사용한다. 우리가 사용하는 토마토 소스는 미국에서 개발된 것으로 토마토를 통째로 갈아 건조시킨 토마토 페이스트를 물로 희석하여 양파, 마늘 등과 같은 채소와 향신료(바질, 오레가노)를 넣은 것으로 가장 기본적인 토마토 소스 형태라고 할 수 있다.

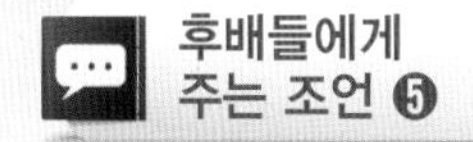

셰프의 노력

노력이란 다른 사람보다 몇 배의 집중력을 가지고 모든 일에 임하는 것이라 생각한다. 모름지기 셰프란 이러한 노력이 몸에 배어 있어야 한다.
내가 신라호텔에서 과장으로 있을 때 실습생으로 내 부서에 왔던 후배들이 10년이 지나니 유명한 셰프로 성장했다. 실습할 때에는 그렇게 눈에 띄지 않았는데, 열심히 노력하여 유명 셰프로 성장한 것이다. 보이지 않는 곳에서 그들이 얼마나 많이 노력했는지 알 수 있는 결과다.
후배 한 명은 크게 두각을 보이지 않았었는데, 10년이 지난 후에 만나보니 아주 멋있게 변해 있었다. 어떤 노력을 했는지 물어보았더니, 호텔에서 3년 동안 실습만 하다가 미국으로 유학을 떠나서 공부도 하고 일도 하면서 준비했다고 한다. 평소에 본인이 생각했던 일이 그대로 되고 있다는 것은 남들이 모르는 노력을 많이 했다는 증거다.
내가 프랑스 유학에서 돌아왔을 때가 32살이었는데, 당시의 젊은 혈기에 겸손이 모자란 탓도 있었겠지만, 도대체 선배들의 인정을 받기가 참 어려웠다. 지금도 주변의 실력 있는 후배들이 선배에게 인정받기가 어렵다.
누군가에게 인정받기를 기대하고, 또 인정받지 못했다고 해서 실망하기보다는 부단한 노력을 통해서 자신을 통제할 수 있어야 한다. 스스로 좀 더 겸손하고 유연한 미덕을 갖추면서, 동료 선후배와 원만한 관계를 유지하고, 조금 더 배울수록 남을 배려하는 마음이 필요하다.
또한 상대적으로 배움에 많은 시간을 할애하지 못한 동료나 선배들이 가질 수 있는 자격지심도 생각해 주어야 한다. 조급하지 않게 긴 안목으로 매사에 집중해야 하는데, 조급하게 일하면 본인 스스로 지쳐서, 요리를 포기하는 경우가 많이 생긴다.
문득 조리 인생을 뒤돌아보니, 따르는 후배들은 참 많았는데, 동료는 적었다. 지나고 나서 생각하니 나의 성격 탓일 수도 있겠지만, 한국전쟁으로 인해 조리사가 적은 이유도 있을 것 같다. 또한 다른 사람과 달리 요리연구회를 만든다든지, 도서관에 다니면서 공부하는 내 모습이 그 당시의 동료들에게 좋은 모습으로 보이지 않았을 수도 있다.
그래서 나는 동료가 많은 친구들이 부럽다. 후배들은 마음과 뜻을 나눌 수 있는 동료들을 많이 만들기를 진심으로 바란다.

토마토 소스(Tomato Sauce)

1 토마토를 이용하여 토마토 소스를 만드는 방법을 알 수 있다.
2 토마토 소스를 이용하여 다양한 스파게티 소스를 만드는 능력을 키울 수 있다.
3 토마토 종류를 달리하여 파스타용 소스 개발능력을 기를 수 있다.

모체소스

토마토 소스(Tomato Sauce)

재료 및 분량(산출량 200ml)

토마토(Tomato)(150g)__2ea
토마토 페이스트(Tomato paste)__30g
베이컨(Bacon)__10g
양파(Onion)__30g
당근(Carrot)__20g
셀러리(Celery)__20g
마늘(Garlic)__5g
버터(Butter)__15g
밀가루(Flour)__10g
치킨스톡(Chicken stock) 320ml
파슬리(Parsley)__5g
월계수잎(Bay leaf)__1leaf
정향(Clove)__1ea
소금(Salt)__약간
후추(Pepper)__약간

조리도구

도마, 칼, 고무주걱
계량컵, 소스 팬, 냄비
거품기, 저울, 믹싱 볼
나무주걱, 계량스푼

1. 양파, 마늘을 볶는다.
2. 남은 재료를 넣고 졸인다.
3. 약한 불에 추가로 졸인다.
4. 양념 후에 완성시킨다.

만드는 법

1 양파, 당근, 셀러리, 베이컨은 얇게 썰고 마늘은 다지며 토마토는 데쳐낸 후 껍질을 벗겨 다진다.
2 냄비에 버터와 밀가루를 같은 비율로 넣고 블론드 색의 루(Roux)를 만든다.
(토마토 소스를 끓일 때 철이나 알루미늄 재질의 냄비를 사용하면 소스의 색이 검게 변한다.)
3 팬에 버터를 두르고 베이컨, 마늘, 채소 순으로 볶다가 양파가 익어서 투명해지면 토마토 페이스트를 넣고 볶는다.
(토마토 페이스트를 많이 볶으면 소스가 검게 되는 원인이 된다.)
4 ②와 ③을 합쳐서 육수와 월계수잎을 넣고 끓인다.
5 끓이면서 향신료를 넣어주고 위에 뜨는 기름, 거품을 제거한다.
6 체에 걸러 농도를 조절한 후 소금, 후추로 간을 한다.
(버터와 밀가루를 1:1로 혼합하여 농후제로 사용한다.)
7 토마토 소스를 소스 볼(Sauce bowl)에 담아 완성시킨다.

평가기준

• 채소, 베이컨 썰기
• 토마토 껍질 벗기기
• 채소 볶기
• 소스 끓이고 거르기

• 토마토는 건강식품으로 많이 알려지면서 인기가 높아졌다. 생토마토보다는 열을 가한 것이 우수하다는 연구논문이 많이 나온다.
• 토마토 소스는 크게 두 가지가 있다. 하나는 토마토와 마늘, 양파를 올리브오일에 볶아 면요리에 많이 이용하며, 또 다른 소스는 토마토에 밀가루 볶은 것(루, Roux)이 첨가되어 수프 비슷한 느낌을 주는 프랑스 고전 소스가 있다.
요즘 이탈리아 레스토랑에서는 전자의 토마토 소스를 많이 쓰는데 이 소스는 절대 체에 거르지 않는다. 토마토 페이스트는 최대한 적게 넣어야 토마토 본연의 맛과 영양이 살아 있는 우수한 소스가 된다. 페이스트를 적게 넣는 대신 캔으로 포장된 토마토 홀과 생토마토를 반반 섞어 1시간 정도 끓여서 향신료를 넣는 것이 기본이다.
• 월계수잎은 소스에 오랫동안 넣어두면 소스의 색이 어두워진다는 사실을 꼭 기억해야 한다.

피자소스(Pizza Sauce)

피자소스는 피자 맛을 좌우하며 완전히 익은 토마토를 사용해야 맛이 난다. 토마토 페이스트와 토마토 홀을 같이 사용할 때 냄비에서 많이 끓여주어야 색과 맛, 향이 좋아진다.
토마토 소스에 오레가노 같은 향신료를 넣는 셰프도 있다.
요즘은 토마토케첩, 핫소스, 레드와인, 오레가노, 마늘이 들어간 피자소스가 유행이다. 피자소스에 들어가는 재료는 피자의 토핑에 따라 달라진다는 것을 기억해야 한다.

이탈리안 소스(Italian Sauce)

이 소스는 토마토 소스에 마늘, 양파, 화이트와인, 타라곤, 양송이와 데미글라스가 들어간 고급 소스이다. 주로 스파게티, 라비올리 등에 많이 사용된다.
이 소스와 비슷한 소스는 다음과 같다.
나폴리탄 소스 : 토마토 소스 + 파슬리 + 마늘
볼로네즈 소스 : 토마토 소스 + 쇠고기 + 양파 + 셀러리 + 버섯 + 데미글라스

프로방살 소스(Provencale Sauce)

이 소스는 토마토 소스에 화이트와인, 버섯, 마늘, 올리브, 파슬리를 넣은 고급 소스이다. 이 소스와 비슷한 소스로는 크림 토마토 소스, 크레올 소스, 칠리 토마토 소스, 밀라노 소스, 피가로 소스 등이 있다. (위의 소스를 자세히 알고 싶은 분은 최수근의 『소스 이론과 실제』를 참고할 것)

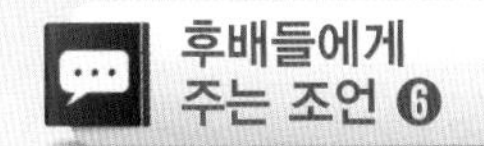

돈 잘 버는 조리사

조리사들 중에 돈 잘 버는 사람이 많다. 몇 가지 케이스를 소개해 보면 조리를 10년 정도 한 다음부터가 중요하다. 대개의 공통점은 너무 일찍 사업을 한 사람은 고전하기 쉽다는 것이다. 호텔에서 한 10년 정도 근무하고 사업을 한 경우에 성공한 사람이 많다.
뷔페식당을 차려서 본인은 기술을 제공하고 자금이 있는 사람과 힘을 합쳐서 지금은 10개 정도의 식당을 운영하는 조리사, 또는 자신의 전공을 살려 식당을 차려서 돈을 번 사람을 보면 평소에 근무하면서 사업에 대한 꿈을 가지고 열심히 준비한 결과라고 생각한다.
외식업체 연구개발팀에서 근무하다가 개인사업을 하여 성공한 사람도 많이 있다. 어떤 오너 셰프 한 분은 직장생활을 하다가 식당을 운영했는데, 온 식구가 도와주어 몇 년 만에 자리를 잡아 후배양성에도 노력하면서 사업을 확장하고 있다. 성공하려면 남들이 생각하는 것 이상의 노력을 해야 한다. 그래서 나는 돈을 많이 번 사람들을 존경한다. 돈 벌기란 쉽지 않다. 여러 번의 실패 뒤에 성공할 수 있지 한번에 성공하는 케이스는 절대 없다고 생각한다.
돈을 버는 데 실패한 조리사들도 많다. 자신의 조리실력만 믿고 퇴사 후 설렁탕집과 곰탕집을 오픈하여 6개월 안에 문 닫은 후배가 있다. 곰탕 맛은 정말 좋은데 손님들이 이 가게의 진가를 몰라주니 답답할 뿐이었다. 식당은 맛은 기본이고 그 식당만의 특징을 잘 살려야 했는데, 그 점이 부족했던 것 같다.
오너 식당은 특히 시간이 필요하다. 최소 1~2년 동안은 맛에 대한 홍보를 꼭 해야 한다. 대표적인 집이 세종문화회관 옆 뽀모도로와 삼청동 정독도서관 앞의 플로라식당이다. 앞에 소개한 식당들은 개업하고 무조건 식당이 잘 된 것이 아니었다. 주방장의 요리솜씨를 보고 고객들이 인정한 후에 영업이 잘되었다.
돈을 잘 버는 셰프가 되려면 많은 준비를 하여 식당을 창업하기 바란다. 직장을 그만두고 식당을 개업하는 것보다 직장 다니면서 창업하는 사람들의 성공률이 높다는 통계를 책에서 본 적이 있다.
내 경험으로 보아 조리사 월급을 모아서 식당사업을 하기는 어렵다. 평생 월급으로 살려면 자기 자신에게 많이 투자해야 한다. 어떤 책을 보니 이런 글이 있어 소개해 본다. "돈을 많이 벌고 싶으면 당신이 돈을 벌고 싶어서 오늘 어떤 노력을 했는지 반성해 보라."

Grilled Porkloin with Creamy Shiitake Mushrooms and Celeriac Mash, Tomato Oil Sauce

표고버섯과 토마토 오일소스를 곁들인 돼지등심요리

(Grilled Porkloin with Creamy Shiitake Mushrooms and Celeriac Mash, Tomato Oil Sauce)

재료 및 분량(4인분)

돼지등심(Porkloin)_____ 560g
아스파라거스(Asparagus)_ 4ea
당근(Carrot)_________ 100g
단호박(Sweet pumpkin)____ 100g
시금치(Spinach)_______ 500g
돼지고기 기름망(Polk net)_ 200g
소금(Salt)·**후추**(Pepper)_약간씩

〈표고버섯 Shiitake mushroom**〉**
무염버터(Unsalted butter)__ 20g
다진 샬롯(Crushed shallot)_ 40g
버섯(Mushroom)_______ 150g
생크림(Fresh cream)_____ 50ml
다진 파슬리(Crushed parsley)_ 약간
다진 타임(Crushed thyme)_ 약간
소금(Salt)·**후추**(Pepper)_ 약간씩

〈셀러리액 매시 Celeriac mash**〉**
무염버터(Unsalted butter)__ 20g
슬라이스 샬롯(Slice shallot)_ 20g
채소스톡(Vegetable stock)_100ml
셀러리액(Celeriac)_____ 300g
생크림(Fresh cream)_____ 70ml
월계수잎(Bay leaf)_____ 1leaf
소금(Salt)·**후추**(Pepper)_약간씩

〈토마토 오일 소스 Tomato oil sauce**〉**
토마토 소스(Tomato sauce)_120ml
올리브오일(Olive oil)____ 50ml
소금(Salt)·**후추**(Pepper)_ 약간씩

소스전문가 Tip

- 곁들임 조리를 잘해야 한다.
- 돼지고기 기름망을 잘 세척해야 한다.

만드는 법

〈표고버섯 만들기〉

1 적당한 크기의 소스 팬에 버터를 두른다.
2 다진 샬롯과 작은 주사위 모양으로 썬 버섯을 넣어 볶고 브랜디로 플람베를 한다.
3 생크림과 다진 타임을 넣고 농도가 되직해질 때까지 졸여준다.
4 소금, 후추로 간을 맞추고 다진 파슬리를 넣고 꺼낸다.

〈셀러리액 매시 만들기〉

1 적당한 크기의 용기에 버터를 두른다.
2 슬라이스한 샬롯과 얇게 썬 셀러리 뿌리를 색깔이 나지 않도록 볶아준다.
3 셀러리액의 순이 어느 정도 죽으면 채소스톡과 생크림 및 월계수잎을 넣어 수분이 없어질 때까지 졸여준다.
4 믹서기에 곱게 갈아 체에 내린다.
5 소금, 후추로 간을 한다.

〈토마토 오일 소스 만들기〉

1 토마토 소스에 올리브오일을 넣고 소금, 후추로 간을 한다.
2 양념한 돼지고기 안심을 그릴에 구워 색을 낸다.
3 크림버섯, 시금치, 돼지고기 기름망의 순으로 고기를 감싸준다.

〈준비〉

1 접시에 셀러리액 매시를 먼저 깔아놓는다.
2 익힌 돼지고기를 자른다.
3 따뜻하게 익힌 채소, 아스파라거스, 당근, 단호박을 올린다.
4 토마토 오일 소스로 마무리한다.

요리 실습 전에 토마토 소스를 만든다.
준비한 토마트 소스에 추가로 재료를 넣어 파생 토마토 소스를 만들어 요리에 곁들인다.

평가기준

- 소스의 향 맛 농도 색
- 음식의 맛
- 전체적으로 담은 모양

Seafood Spaghetti with Tomato Sauce

토마토 소스를 곁들인 해산물 스파게티
(Seafood Spaghetti with Tomato Sauce)

재료 및 분량(4인분)

스파게티면(Spaghetti)___600g
오징어(Cuttlefish)________80g
새우(Shrimp)__________120g
흰살생선(White meat fish)__120g
화이트와인(White wine)__200ml
조개육수(Calm meat stock)_400ml
토마토소스(Tomato sauce)_800ml
홍합(Mussel)__________120g
조개(Calm)___________120g
다진 양파(Crushed onion)___40g
다진 마늘(Crushed garlic)___20g
올리브오일(Olive oil)____60ml
버터(Butter)_____________40g
이탈리안 파슬리(Italian parsley)_4ea
소금(Salt)·**후추**(Pepper)_약간씩

- 스파게티면 삶을 때 소금과 올리브오일을 넣으면 맛이 좋아진다.
- 생선 해동할 때 식초를 넣는 것도 방법이다.
- 해물은 신선한 것을 사용해야 하며 질기지 않게 익히는 것이 기술이다.

만드는 법

1 스파게티면을 7분간 삶아서 준비한다.
2 해물은 깨끗이 다듬어서 물기를 뺀다.
3 팬에 올리브오일을 두르고 마늘, 양파를 볶다가 모든 해물을 함께 넣고 볶은 후 화이트와인을 넣고 졸인다.
4 졸인 후 조개육수, 토마토 소스를 첨가한 뒤 소금, 후추로 간을 하여 소스를 만든다.
5 준비된 소스에 스파게티면을 넣고 볶은 후 버터를 넣고 한 번 더 볶아서 완성한다.

요리 실습 전에 모체 토마토 소스를 만든다.
준비한 토마토 소스에 추가로 재료를 넣어 파생 토마토 소스를 만들어 요리에 곁들인다.

평가기준

- 소스의 곁들임
- 음식의 맛
- 전체적으로 담은 모양

6 Basic 오일소스

오일소스의 모체소스는 마요네즈 소스이다. 파생소스에는 사우전드 아일랜드 드레싱과 타르타르 소스가 있다.

마요네즈(Mayonnaise)는 프랑스의 요리 상인 마옹이라는 사람이 식초, 달걀을 섞어 만들어 마요네즈라고 칭했다. 이 소스는 온도에 민감하고 만드는 요령을 습득해야 분리되지 않는 우수한 소스를 만들 수 있다. 채소, 생선 등에 쓰이는데, 요즘은 기름이 다이어트에 안 좋다고 하여 소비가 줄고 있는 실정이다.

모체소스
마요네즈 소스(Mayonnaise Sauce)
파생소스
• 사우전드 아일랜드 드레싱 (Thousand Island Dressing)
• 타르타르 소스(Tartar Sauce)
응용요리
• 크림치즈를 곁들인 훈제연어요리와 마요네즈 소스 (Smoked Salmon with Cream Cheese and Mayonnaise Sauce)
• 크레이프에 싼 훈제연어 (Smoked Salmon Wrapped in Crepe)

마요네즈 소스(Mayonnaise Sauce) 개요

마요네즈(Mayonnaise)는 프랑스의 요리 상인 마옹이라는 사람이 식초, 달걀을 섞어 만들어 마요네즈라고 칭했다는 설이 있다. 이 소스는 온도에 민감하고 만드는 요령을 습득해야 분리되지 않는 우수한 소스를 만들 수 있다. 채소, 생선 등에 쓰이는데, 요즘은 기름이 다이어트에 안 좋다고 하여 소비가 줄고 있다.

마요네즈 소스는 달걀노른자와 식초, 겨자를 넣어 만든 반고체 소스이다. 마요네즈는 부피의 80%가 기름 방울로 이루어져 있다. 농도에 따라 달걀노른자에 기름을 첨가하고 식초, 겨자를 넣어 유상액 자체를 형성시킨 반고체의 소스이다. 마요네즈의 질은 기름의 질과 밀접하여 달걀노른자의 양에 비례한다고 볼 수 있다.

올리브오일은 고급이지만 맛이 독특하여 마요네즈 만들 때는 잘 쓰지 않고 있다. 원래는 올리브오일 마요네즈가 전형적이다. 좋은 맛을 내는 것은 옥수수나 목화씨 기름인데, 식용유가 취급하기 쉬운 것은 항상 액체상태이고 융점이 없기 때문이다. 마요네즈에서 파생된 것 이 사우전드 아일랜드, 트로리안, 타르타르 소스 등이다.

마요네즈를 만들 때 일반적인 사항은 달걀의 경우 냉장고에서 꺼내 바로 사용하지 말 것, 모든 재료가 방안의 기온과 맞는 것이 이상적이기 때문이다. 바쁠 때는 저어서 5분 정도 방에 놓았다가 사용해야 실패도 없고 잘 엉킨다.

만들 때는 적어도 두 알 이상의 노른자가 필요하고 용기 선택이 중요하다. 약간의 겨자를 넣으면 더 쉽게 엉키고 맛을 위해 레몬, 식초, 후추, 소금을 먼저 넣는 것도 요령이다.

마요네즈는 건강에 좋다고 해서 과거에는 선호했지만 요즈음에는 식초소스보다 인기가 덜하다. 이유는 다이어트에 안 좋기 때문이다. 하지만 이 소스는 강한 향과 맛이 있다. 마요네즈와 크림소스를 섞어서 연어요리에 곁들이기도 한다. 마늘, 토마토 퓌레, 향신료, 녹즙 등을 넣고 만들어 다양한 이름의 마요네즈가 탄생한다.

베이직 오일 소스는 마요네즈 소스라고 볼 수 있다. 파생소스에는 사우전드 아일랜드 드레싱과 타르타르 소스가 있다.

마요네즈의 분리 방지하기(Preventing Mayonnaise separating)

오일을 너무 빨리 첨가하면, 마요네즈가 분리될지도 모른다. 신선한 달걀노른자를 볼에 깨준다. 여기에 분리된 마요네즈를 작은 티스푼 정도로 조금씩 넣으면서 진해지기 시작할 때까지 계속 휘저어 거품을 내준다. 모든 혼합물이 섞일 때까지 계속 해준다.

- 마늘 마요네즈를 만들기 위해서는 3~6개의 마늘을 으깨서 재료에 넣는다.
- 매운 마요네즈를 만들기 위해서는 15g/1tbsp의 머스터드, 7~15ml/1/2~1tsp의 우스터 소스와 타바스코 소스 몇 방울을 더한다.
- 초록색 마요네즈를 만들기 위해서는 각각 30g의 파슬리와 워터크레스를 블렌더나 푸드 프로세서에 넣어준다. 여기에 다진 파 3~4개와 마늘 한 개를 넣은 다음 곱게 다져질 때까지 돌린다. 120ml의 마요네즈를 더하고 부드러워질 때까지 섞어준 다음 맛을 보고 간을 한다.
- 블루치즈 드레싱을 위해서는 데니시(Danish) 블루치즈 225g을 마요네즈에 섞어준다. (과거에는 식초소스에 첨가하였다. 응용소스로는 시저 드레싱이 인기가 있다.)

사우전드 아일랜드 드레싱(Thousand Island Dressing)은 마요네즈와 채소를 이용하여 만들 수 있다. 이 소스는 마요네즈 소스에 달콤한 피클이 들어간 소스로, 1,000개의 섬이 떠 있는 것 같은 모습이라고 해서 붙여진 이름으로 다양한 재료를 넣어서 만드는 것이 특징이다. 이 소스는 샐러드에 곁들이는 것으로 농도는 피클주스나 화이트와인으로 조절하기도 한다.
요즘은 다양한 향신료를 넣은 사우전드 아일랜드 드레싱이 등장하기도 한다.

타르타르 소스(Tartar Sauce)는 양파, 달걀, 케이퍼, 오이피클 등을 넣은 소스로 튀김요리에 사용된다. 기능사 시험문제로 찬 소스 중에는 마요네즈 다음으로 유명한 소스이다.

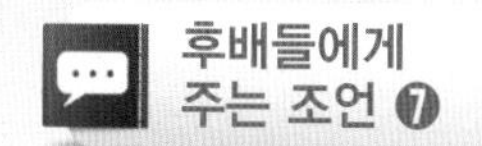

특급호텔의 막내가 하는 일

호텔 셰프가 되고 싶다면, 가능하다면 특급호텔에서 일을 시작하는 게 좋다. 나는 신라호텔에서 근무할 때 막내들에게 많은 것을 요구했었다. 무엇이든 열심히 할 것, 안전에 특히 신경 쓸 것, 수첩을 가지고 다니면서 선배들이 하는 일을 적을 것. 항상 이런 식으로 공부해야만 훌륭한 셰프가 된다고 잔소리를 많이 했다. 나의 잔소리를 들으며 자라난 후배들이 지금은 한국을 이끌어가는 기둥이 된 것을 보면 참 자랑스럽다.

학교에서 제자들에게는 호텔의 막내가 되면 무슨 일을 해야 하는지를 자주 말해준다. 막내는 호텔에서는 '조리사 보조', 체인호텔에서는 '키친헬퍼(kitchen helper)' 또는 '쿡 헬퍼(cook helper)'라고 한다. 옛날에는 일본말로 '아라이' 또는 'KP'라고 했다. 요즘 어떤 호텔에서는 '서드쿡'이라고도 한다. 막내가 주로 주방에서 청소와 조리를 위한 사전 준비를 한다.

막내의 하루 일과 중 가장 중요한 것은 그날 사용할 식재료를 수령하는 것이다. 이때 식재료에 대한 상식과 용도, 가격, 특징적인 맛 등을 학습해 두면 식품학을 따로 공부하지 않아도 된다. 또한 식재료의 선입선출이 잘 이루어지도록 창고의 정리정돈을 잘 해둬야 한다.

두 번째로 중요한 일은 청소와 기물에 대한 청결을 유지하는 일이다. 일을 제대로 배운 사람이라면 본인이 사용한 기물은 자신이 직접 닦아서 쓴다. 그러면 막내가 할 일이 줄어든다. 그러나 일을 잘못 배운 선배는 자기가 쓴 냄비도 본인이 닦지 않고 막내만 시킨다.

세 번째 일은 식재료 손질이다. 요즘은 전처리 주방이 따로 있어서 쉽지만 과거에는 양파 까는 일부터 모든 일을 막내가 했다.

네 번째는 육수 끓이는 일인데, 이것은 단순 조리로, 대부분의 선배들이 하기 싫어하는 일이다. 이때 육수에 대한 이론과 실제를 완벽히 정리해 두면 나중에 자신의 재산이 된다. 필자는 육수를 끓이면서 『소스의 이론과 실제』라는 책을 썼다. 이 일을 관심 없어 하면서, 대충 하고 지나가면 나중에 실력 없는 셰프가 된다.

나는 미국 대사관에서 막내로 일을 했었다. 이때 주방업무에 관한 기사를 써서 잡지에 투고한 적이 있다. 솔직히 이때는 일이 힘들어 어떤 것도 하기 싫었다. 그러나 이때 열심히 노력한 사람이 꼭 성공하는 걸 아주 많이 보았다. 소극적으로 일하지 않고 적극적으로 조리지식을 체계적으로 정리할 수 있는 시간이 바로 막내일 때이다. 사명감을 가지고 큰 꿈을 꾸면서 일해야 훗날 웃을 수 있다. 막내의 자리가 목표를 향해서 가는 필수과정이란 생각을 하면서 막내의 일을 마치기를 부탁하고 싶다.

마요네즈 소스(Mayonnaise Sauce)

1 마요네즈 만드는 방법을 알 수 있다.
2 마요네즈를 이용한 다양한 파생소스 만드는 능력을 키울 수 있다.
3 믹서기를 이용하여 소스를 만들어보고 차이점을 알 수 있다.
4 다양한 종류의 기름을 사용하여 마요네즈를 만들 수 있다.
5 식초의 종류를 다양하게 하여 신맛의 차이를 알 수 있다.

모체소스

마요네즈 소스(Mayonnaise Sauce)

재료 및 분량(산출량 155g)

달걀노른자(Egg yolk)____ 1ea
디종 머스터드(Dijon mustard) 10g
샐러드유(Salad oil)____200ml
레몬주스(Lemon juice)___10ml
소금(Salt)·**후추**(Pepper)__약간
식초(Vinegar)________10ml

조리도구

믹싱 볼, 거품기
저울, 계량컵

1. 달걀을 흰자와 노른자로 구분한다
2. 노른자와 양념을 섞는다.
3. 크림상태로 젓는다.
4. 진한 크림상태에 레몬주스를 첨가한다.
5. 마무리하여 사용한다.

만드는 법

1 볼에 달걀노른자, 디종 머스터드, 식초를 넣고 거품기로 충분히 휘젓는다.
2 ①에 샐러드유를 조금씩 넣으며 섞는다. (달걀노른자와 잘 섞이는지 확인하며 섞는다.)
3 진한 크림형태가 되기 시작하면 오일의 양을 조금씩 늘려가며 섞는다.
4 레몬주스를 조금씩 넣으며 농도를 맞춘다.
5 기호에 따라 오일의 양을 조절하여 넣고 소금, 후추로 간을 한다.

평가기준

- 소스는 상추에 묻혀 먹어보고 간을 맞추는 것이 좋다.
- 소스의 색, 향, 농도
- 소스를 냉동시키면 안 된다.

- 거품기를 저을 때 볼의 바닥을 너무 긁지 않도록 한다.
- 마요네즈를 만들 때 오일을 너무 빨리 넣으면 분리된다. 또한 오일과 달걀이 너무 차가워도 소스 제조에 실패할 수 있고, 달걀이 신선하지 않으면 분리가 잘 되며 빨리 상한다.
- 마요네즈 소스는 오일 선택이 중요하다. 향이 강한 엑스트라 버진 올리브오일보다는 카놀라유나 해바라기씨유를 주로 사용한다. 주의할 점은 모체소스이므로 묽은 것보다는 되직한 것이 파생소스를 만들 때 편리하다는 것이다.
- 마요네즈를 만들 때에는 오일을 넣는 속도와 거품기를 젓는 속도가 적당해야 한다. 또한 계절에 따라 온도 조절을 잘해야 우수한 마요네즈를 만들 수 있다. 마요네즈를 이용하여 만든 소스로는 사우전드 아일랜드 드레싱, 타르타르 소스, 티롤리엔(Tyrolienne) 소스, 그린 마요네즈 소스 등이 있다. 요즘은 비만을 걱정해 마요네즈 선호도가 떨어지지만 찬 소스 중에서는 가장 인기가 많다.

사우전드 아일랜드 드레싱(Thousand Island Dressing)

재료 및 분량(산출량 150ml)

마요네즈(Mayonnaise) 70g **토마토케첩**(Tomato ketchup) 20g **달걀**(Egg) 1ea **양파**(Onion)(150g) 30g **오이피클**(Pickle)(25~30g) 20g **청피망**(Green bell pepper)(75g) 15g **레몬**(Lemon) 1/4ea **식초**(Vinegar) 2ml **소금**(Salt)·**흰 후추**(White Pepper) 약간씩 **파슬리**(Parsley) 1stem

조리도구

도마, 칼, 저울, 계량컵, 믹싱 볼, 거품기, 숟가락, 체

만드는 법

1 냄비에 물을 붓고 달걀과 소금을 넣어 물이 끓기 시작하면 12분 정도 삶은 후 찬물에 식혀 껍질을 벗긴다. (달걀을 너무 오래 삶지 않도록 한다.)

2 양파, 피망, 피클, 달걀은 다지고 파슬리는 잎만 다져 치즈클로스에 감싸 흐르는 찬물에서 녹즙을 제거해 펼쳐 놓는다.
(달걀은 흰자와 노른자를 분리해서 노른자는 체에 내리고 흰자는 칼로 다진다.)

3 다진 양파를 소금물에 담갔다가 거즈를 사용하여 짠다.

4 믹싱 볼에 준비한 재료를 모두 담고 마요네즈와 레몬즙, 토마토케첩을 넣고 골고루 섞어준다. (토마토케첩은 한번에 모두 섞지 말고 2~3번에 나누어 넣으며 소스의 색을 맞춘다.)

5 소스 색이 핑크빛이 되게 만든 후 소금, 후추를 넣어 소스를 완성한 다음 다진 파슬리를 소스에 뿌린다.

평가기준

- 달걀 삶기와 다지기
- 양파와 채소 다지기
- 드레싱의 농도, 맛
- 드레싱의 색
- 재료 섞기

- 피클이 담겨 있던 주스로 농도를 조절하면 맛이 더욱 좋다.
- 한국인들이 과거에 가장 선호한 소스이다.
- 토마토케첩으로 색을 조절한다.
- 이 소스에 삶은 달걀을 넣는 셰프도 있는데, 오래 보관하는 것이 불가능하므로 즉석소스에만 사용한다.

타르타르 소스(Tartar Sauce)

재료 및 분량(산출량 150ml)

마요네즈(Mayonnaise) 70g **달걀**(Egg) 1개 **양파**(Onion)(150g) 15g **오이피클**(Pickle)(25~30g) 30g **파슬리**(Parsley) 1stem
레몬(Lemon) 1/4ea **식초**(Vinegar) 2ml **소금**(Salt) 1g **흰 후추**(White Pepper) 1g

조리도구

믹싱 볼, 냄비, 칼, 도마, 거품기, 계량컵, 저울

만드는 법

1 냄비에 물, 소금, 달걀을 넣고 물이 끓기 시작하면 12분 정도 달걀을 완숙시킨 후 찬물에 식혀 껍질을 벗긴다.
2 양파는 다진 후 소금물에 담가두었다가 거즈를 사용하여 짜고 파슬리는 다진 후 거즈에 싸서 물에 담갔다가 물기를 꼭 짠다.
3 피클과 삶은 달걀을 다진다.
(달걀은 흰자와 노른자로 분리하여 노른자는 체에 내리고 흰자는 다진다.)
4 마요네즈에 준비한 모든 재료와 레몬즙, 소금, 흰 후추를 넣고 혼합한다.
(마요네즈를 조금 넣고 재료를 섞어 응어리가 지지 않게 잘 풀어준 후 나머지 마요네즈를 섞어 잘 풀어준다.)
5 그릇에 담고 다진 파슬리를 소스 위에 뿌려 완성한다.

평가기준

- 달걀 삶기와 다지기
- 양파 다지기와 소금물에 절이기
- 파슬리 다지기
- 재료 섞기

- 채소는 익히지 않기 때문에 맛이 빨리 변하므로 필요할 때마다 만들어 사용한다.
- 피클이 담겨 있던 주스로 농도를 조절하면 맛이 더욱 좋아진다.
- 튀김요리에 곁들이는 소스로 많이 사용된다.

Smoked Salmon with Cream Cheese and Mayonnaise Sauce

크림치즈를 곁들인 훈제연어요리와 마요네즈 소스
(Smoked Salmon with Cream Cheese and Mayonnaise Sauce)

재료 및 분량(1인분)

훈제연어(Smoked salmon)_100g
사워크림(Sour cream)_____5ml
크림치즈(Cream cheese)___20g
서양겨자(West mustard)_____5g
케이퍼(Caper)__________5g
차이브(Chive)______2 leaves
레몬(Lemon)_________1/4ea
양상추(Lettuce)_________30g
대파(Leek) _______20g
마요네즈(Mayonnaise)_____20g

- 훈제연어요리에 쓰이는 식초로 발사믹 드레싱을 많이 사용한다.
- 크림치즈를 곁들인 훈제연어요리는 호텔에서 인기 있는 요리 중 하나이다.
- 마요네즈와 크림치즈를 섞어서 쓴다.

만드는 법

1 크림치즈와 호스래디시, 마요네즈, 사워크림, 차이브, 레몬주스는 믹싱 볼에 섞어 준비한다.
2 얇게 썬 양파와 양상추를 물에서 건져 물기를 제거한다.
3 넓적하게 펼친 훈제연어에 맨 처음에 믹싱한 것을 얇게 발라준다.
4 한쪽에서 2/3를 말아주고, 한쪽에서 1/3을 말아준다.
5 접시에 양상추와 양파를 섞어 접시 가운데 깐다.
6 연어 만 것을 썰어 올려준다.(가장자리는 예쁘게 절단한다.)
7 썰어진 훈제연어가 나비 모양이 되도록 놓아준다.
8 나비의 꼬리는 레몬의 1/10을 세로(wedge)로 썰어 놓아준다.
9 대파 튀긴 것을 준비하여 가니시로 사용한다.
10 차이브잎으로 더듬이를 표현해 준다.
11 접시 둘레를 케이퍼로 장식한다.

요리 실습 전에 마요네즈 소스를 만든다.
준비한 마요네즈 소스에 추가로 재료를 넣어 파생 마요네즈 소스를 만들어 요리에 곁들인다.

평가기준

- 소스의 맛, 농도, 색, 영도
- 접시에 담은 모양

Smoked Salmon Wrapped in Crepe

크레이프에 싼 훈제연어
(Smoked Salmon Wrapped in Crepe)

재료 및 분량(4인분)

훈제연어(Smoked salmon)_240g
크림치즈(Sour cream)___200g
케이퍼(Caper)________ 30g
빨간 피망(Red bell pepper)__4ea
깍지콩(Rumer bean)______8ea
파란 피망(Green bell pepper)_4ea
바질(Basil)___________4장
파(Green onion)________8줄기
소금(Salt)·**후추**(Pepper)_약간씩
마요네즈(Mayonnaise)____50g
양파(Onion) __________30g
마늘(Garlic) __________10g
레몬주스(Lemon juice) ___20ml
버터(Butter) __________ 60g
크림(Cream) _________50ml
시금치(Spinach) _______200g
토마토 소스(Tomato sauce)
(장식용)__________약간

- 훈제연어요리에 쓰이는 소스는 주로 호스래디시 크림을 사용한다.
- 크림치즈를 곁들인 훈제연어요리는 호텔에서 인기 있는 요리 중 하나이다.
- 마요네즈와 크림치즈를 섞어서 쓴다.

만드는 법

1 훈제연어는 살만 발라내어 가시 제거 후 길게 절단한다.
2 빨간 피망은 직화로 태워 껍질 제거 후 물기를 제거하여 4×8cm로 자른다.(장식용과 소스)
3 깍지콩과 케이퍼는 물기 제거 후 준비한다.
4 먼저 크레이프를 깔고, 위에 연어를 깔고 마요네즈 소스를 바른다. 그 위의 파란 피망에 깍지콩을 말아 올리고, 마지막으로 크림치즈와 케이퍼를 넣고 원기둥으로 만다.(어슷하게 반 잘라 3쪽을 준다.)
5 접시에 크레이프 롤과 녹수, 마요네즈 소스를 깔고, 생화와 바질로 포인트를 주어 장식한다.

〈시금치 녹수 만들기〉
1 시금치를 물에 씻는다.
2 믹서기에 시금치와 물을 1:10으로 섞어서 곱게 간다.
3 소창으로 시금치 물을 거른다.
4 거른 시금치 물을 냄비에 끓인다. 전분이 엉키면 소창으로 물을 거른 다음 녹수를 사용한다.

크레이프 만들기
달걀 1개, 강력 밀가루 160g, 정제버터 3g, 물, 소금 · 파슬리 다진 것 적당량
모두 섞어 코팅팬에서 크레이프를 부친다.

요리 실습 전에 마요네즈 소스를 만든다.
준비한 마요네즈 소스에 추가로 재료를 넣어 파생 마요네즈 소스를 만들어 요리에 곁들인다.

평가기준
- 소스의 맛, 농도, 색
- 접시에 담은 모양

7 Basic 식초소스

식초 드레싱은 샐러드에 사용하는데 요즘은 발사믹 식초 드레싱이 인기가 있다. 파생소스로는 이탈리안 드레싱이 있다.

프렌치 드레싱(French Dressing)은 오일의 종류에 따라 맛이 달라진다. 강한 향의 엑스트라 버진 올리브오일은 감자 샐러드, 잎상추 샐러드와 궁합이 잘 맞는다. 호텔에서는 퓨어 올리브유나 해바라기씨유를 많이 사용하지만 일식 레스토랑에서는 호두유를 사용하는 셰프들도 있다.

식초는 사과식초, 와인식초, 발사믹 식초 등으로 종류가 다양하므로 잘 선택해서 사용해야 유능한 셰프로 평가받을 수 있다.

모체소스	파생소스	응용요리
프렌치 드레싱 (French Dressing)	• 로크포르 치즈 드레싱(Roquefort Cheese Dressing) • 파리지앵 드레싱(Parisian Dressing) • 프렌치 과일 드레싱(French Fruit Dressing)	• 레몬 드레싱을 곁들인 해산물 샐러드 (Seafood Salad with Lemon Vinaigrette) • 얇게 썬 오리가슴살과 말린 방울토마토와 샴페인 소스(Pan Fried Duck Breast with Oven Dried Cherry Tomatoes, Flower Vegetables Bouquet and Champagne Sauce) • 발사믹 드레싱과 바질 오일로 맛을 낸 채소요리 (Assorted Vegetables Cake with Balsamic Dressing and Basil Oil) • 레드와인을 곁들인 바닷가재 무스 (Lobster a la Parisienne with Herb in Red Wine Vinaigrette) • 크레송 샐러드를 곁들인 참치 카르파치오와 참기름 드레싱 (Salad Tuna Carpaccio and Crispy Watercress and Sesame Oil Dressing)

프렌치 드레싱(French Dressing) 개요

유지소스는 식용유 계통과 버터 계통의 소스로 구분되는데, 식용유 계통의 대표적인 소스에는 마요네즈와 식초 소스(Vinegar Dressing)가 있다. 식용유 소스는 샐러드에 사용된다.

유지소스에는 식초와 기름이 기본적인 재료인데, 식초는 샐러드 맛을 조절하기도 하고 냄새를 없애주기도 한다. 그리고 샐러드를 부드럽게 하고 알칼리성으로 인하여 피로를 회복시켜 주는 효과가 있다.

식초는 양조초, 합성초로 구분하는데 양조초는 사과, 포도, 향신료, 식초 등으로 대체로 과실초이며 대부분 향기가 짙고 맛이 부드러우며 산미가 오래간다.

식초소스에는 정제한 식용유를 주로 사용하는데 올리브, 호두, 해바라기, 옥수수, 땅콩기름 등이 있다.

기름은 향기가 좋고 감칠맛이 있지만, 공기에 닿으면 산화하여 풍미가 떨어진다. 그러므로 개봉하면 빨리 사용해야 한다.

오일은 상온에서는 액체로서 점성이 있고 가연성이며, 물에 용해되지 않고 물보다 가벼워 엷은 층을 이루어 퍼지는 성질을 가진다. 오일을 포함한 중성지방은 상온에서 액체인 것과 고체인 것이 있는데, 일반적으로 액체는 불포화지방산 함량이 높고 기름(Oil)이라고 하며, 고체는 포화지방산 함량이 높고 지방(Fat)으로 구별한다.

동양에서 식물성 오일을 사용한 것은 약 1400년 전으로, 중국에 현존하는 가장 오래된 농업기술서인 『제민요술(齊民要術)』에 들기름 · 참기름의 채유법이 기록되어 있다.

우리나라에서는 참기름, 들기름, 콩기름, 옥수수유, 대두유를 주로 사용하며, 최근에는 올리브유, 카놀라유 등도 많이 사용된다.

간장이나 된장, 고추장 등에 참기름 · 들기름을 섞어서 소스를 만드는데, 특히 참기름은 향이 강해서 조금만 넣어도 맛과 향이 좋아진다.

프랑스에서는 오일과 식초를 섞은 소스를 비네그레트(Vinaigrette)라고 하며, 프렌치 드레싱이라고도 한다. 보통 오일과 식초를 3:1의 비율로 섞어 사용한다. 이 소스는 샐러드에 많이 곁들여지는데, 요즘에는 발사믹 식초와 올리브오일을 많이 사용하며 우리나라에서는 대두유도 많이 쓴다.

중국에는 기름소스가 다양해 기름의 종류에 따라 향과 색이 다르고 조리 목적에 따라 기름의 종류도 다르게 쓰인다. 기름소스는 기름을 끓여 향신료나 향미채소를 넣어 만들며 고추기름, 파기름, 마늘기름, 오향기름 등이 대표적이다.

식초소스라고 부르는 이 소스는 오일의 종류에 따라 맛이 달라진다. 강한 향의 엑스트라 버진 올리브오일은 감자샐러드, 잎상추샐러드와 궁합이 잘 맞는다. 호텔에서는 퓨어 올리브오일이나 해바라기씨유를 많이 사용하지만 일식 레스토랑에서는 호두유를 사용하는 셰프도 있다.

식초는 사과식초, 와인식초, 발사믹 식초 등으로 종류가 다양하므로 잘 선택해서 사용해야 유능한 셰프로 평가받을 수 있다.

프렌치 드레싱의 주재료인 식초와 오일은 3:1의 비율이 가장 적당하다. 오일을 볼에 넣고 거품기로 젓다가 식초를 넣으면서 저어야 한다. 주의사항은 소금, 후추, 겨자 등을 먼저 넣고 오일, 식초 순서로 넣어서 만드는 것이다. 완성된 소스는 보관했다가 사용하는데, 흔들었을 때 오일과 식초가 분리되지 않고 본래의 상태로 돌아와야 잘 만들어진 것이다. 응용소스로는 이탈리안 드레싱, 로크포르 치즈 드레싱, 호스래디시 드레싱 등이 있다.

베이직 식초 드레싱은 샐러드에 사용하는데 요즘은 발사믹 식초 드레싱이 인기가 있다. 파생소스로는 이탈리안 드레싱이 있다.

발사믹 소스(Balsamic Sauce)는 이탈리아를 대표하는 포도로 만든 발사믹 식초를 이용한 소스를 말한다. 발사믹은 최소한 7년의 숙성기간이 지나야 발사믹이란 단어를 사용할 수 있다. 또한 숙성기간이 23년은 지나야 최고급 발사믹으로 인정하고 있다.

이탈리안 드레싱(Italian Dressing)은 정작 이탈리아 사람들은 잘 모르는 드레싱이다. 프랑스 사람들이 프렌치 드레싱을 잘 모르는 것과 비슷하다. 어떤 셰프는 레드와인 식초를 쓰고 어떤 셰프는 화이트와인 식초를 쓰기 때문에 어느 것이 이탈리안 드레싱의 표준인지는 알 수 없지만 분명한 것은 식초와 오일이 주재료라는 것이다.

후배들에게
주는 조언 ❽

내 몸 내가 지키기

요리를 처음 배울 때는 몸의 중요성을 모르고 무조건 일만 하는 이들이 많다. 그러나 이때 특히 몸이 상하지 않도록 주의해야 한다. 무슨 일이나 처음 배울 때는 의욕이 넘쳐서 실수하거나 몸이 상하기 쉽다. 그러니까 머리를 쓰면서 일해야 몸도 다치지 않고 주방의 일도 재밌어진다. 무거운 육수를 들다가 허리를 다치면 끝이다. 필자도 무거운 닭을 혼자 들다가 허리를 다쳐서 보름 동안 침을 맞은 적도 있다. 그래서 안전교육이 중요하다.

육수는 만들어서 찬물에 식힌 후 냉장고에 보관했다가 쓰기 때문에 허리를 많이 쓴다. 무조건 비용을 줄이려는 욕심 때문에 육수를 외부에서 대량으로 구입하여 물로 희석시켜서 사용하는 경우가 많다. 또 직접 육수를 제조하여 소스를 만들어야 한다는 책임감 때문에 외부에서 구입하는 원재료를 믿지 못하는 경우도 있다. 그러나 이제는 육수나 기초 소스 등은 일정한 맛을 유지할 수 있는 업체에 맡겨서 제조한 것을 구입한 다음, 응용소스를 잘 만드는 셰프가 진짜 셰프라고 생각한다. 그래야 부하직원들이 일의 부담을 덜고, 새로운 아이디어를 찾아서 멋있고 맛있는 요리개발에 신경 쓸 수 있다.

당연히 책임자는 안전을 위협하는 요인을 제거해야 하지만 완벽할 수는 없기 때문에 모두 조심해야 한다. 예를 들면 바닥이 미끄러워 넘어지는 경우도 종종 있고, 전기제품의 감전사고도 있다. 그리고 화재 때문에 화상을 입는 경우도 종종 있다. 항상 조심해야 한다. 칼이 땅에 떨어져 다치는 경우도 있고 믹서기에 손을 다쳐서 평생 불구가 되는 사례도 있다. 주방에서는 주로 가스를 많이 쓰는데 가스 밸브 작동여부도 항상 주의깊게 보아야 한다.

이외에도 사고가 날 요인은 정말 많다. 한번은 학교 졸업 후 입사한 막내가 있었다. 일을 정말 잘했다. 대답도 잘 하고 지시하면 지시한 대로 잘 했다. 주방의 문제점을 적어오라면 2~3일 내로 주방의 문제점과 개선방안을 제시했다. 모든 주방간부들이 그를 칭찬했다. 겨울이었는데, 내 사무실에 조그만 난로가 있었다. 혼자서 켜고 끄고 하면서 근무했는데, 그날은 막내와 단둘이 근무를 했다. 각자 일을 하고 나는 일이 일찍 끝나서 먼저 퇴근한다며 막내에게 불 잘 끄고 퇴근하라고 지시했다. 밤 9시경이었다. 막내의 "네" 하는 큰 소리의 대답을 듣고 퇴근하였다. 과장이 불 끄고 퇴근하라는 소리는 가스점검 잘 하고 주방 형광등 잘 끄고 냉장냉동고 점검하고, 내가 쓰던 사무실 소등과 난롯불도 완전히 점검하라는 뜻이었다. 그런데 다른 것은 다 했는데 내 사무실 난로는 안 끈 것이었다. 난로가 과열되어 사무실에 불이 난 것이다. 방재반에서 빨리 발견하여 불을 껐고, 새벽에 집으로 전화가 왔다. 화재가 났으니 빨리 사무실로 나와 필요한 조치를 해야 한다고, 새벽에 출근하여 새카만 사무실을 걸레로 모두 닦으니 6시였다. 물론 모두가 내 불찰이었다.

프렌치 드레싱(French Dressing)

실습 목표

1 식초소스 만드는 방법을 알 수 있다.
2 식초소스를 이용한 다양한 파생소스 만드는 능력을 키울 수 있다.
3 수제 식초로 소스를 만들어 맛을 비교하여 차이점을 알 수 있다.
4 향신료와 기름 넣은 식초를 만들어 맛을 비교하여 차이점을 알 수 있다.

모체소스

프렌치 드레싱(French Dressing)

재료 및 분량(1L)

오일(Oil) ____________ 750ml
화이트와인 식초
(White wine vinegar) ______ 120ml
디종 머스터드
(Dijon mustard) ____________ 60g
다진 양파(Crushed onion) ___ 50g
소금(Salt)·**흰 후추**
(White pepper) __________ 약간씩

조리도구

믹싱 볼, 거품기, 칼
도마, 계량컵, 계량스푼

1. 재료 준비
2. 식초기름을 섞는다.
3. 저어준다.
4. 양념한다.
5. 마무리하여 사용한다.

만드는 법

1 볼에 디종 머스터드와 식초, 소금, 후추를 넣은 후 거품기로 골고루 섞는다.
2 기름을 조금씩 넣으면서 농도를 조절하고 다진 양파를 넣는다.
3 오일과 식초가 완전히 엉기면 소스를 마무리한다.

평가기준

- 식초 비율
- 식초와 기름 배합하기
- 요리에 곁들이기

*국제적으로 기름을 식초보다 3배 더 넣지만 일부 셰프들은 기름을 5배 더 넣는 경우도 있다.

- 냉장고에 보관하면 오일과 식초가 분리되는데 이때 흔들어 섞으면 된다.
- 레몬을 약간 넣으면 향이 좋아진다.
- 발사믹 식초를 넣어도 좋으며, 발사믹 식초를 만들 때에는 식초를 3, 오일을 1의 비율로 넣는다.
- 양파를 강판에 갈아서 즙을 넣는 셰프도 있다.
- 프렌치 드레싱(French dressing)은 일명 식초소스라고도 한다. 여기에 레몬즙이 들어가면 레몬 비네그레트라고 한다. 주재료인 식초와 오일은 1:3의 비율이 가장 적당하다. 오일을 볼에 넣고 거품기로 젓다가 식초를 넣으면서 저어야 한다.

로크포르 치즈 드레싱(Roquefort Cheese Dressing)

이 드레싱은 프랑스인들이 좋아하는 샐러드 드레싱이다. 처음에 이 드레싱을 맛보는 사람들은 냄새가 강해서 못 먹지만 한두 번 먹어보면 중독성 있는 맛으로 인기 있는 드레싱이다. 치즈가 딱딱하므로 체에 내린 후 식초 드레싱에 섞어서 적당한 농도를 내는 것이 중요하다.
이 드레싱과 비슷한 드레싱으로는 Bleu Cheese Dressing이 있다. 크림을 첨가하면 오래 보관하기 어려우니 될 수 있으면 크림을 안 넣는 것도 요령이다.

식초 드레싱 + 치즈 + 식초 + 레몬주스 + 겨자

파리지앵 드레싱(Parisian Dressing)

식초 드레싱에 양파, 홍피망, 청피망과 파슬리를 넣어서 만든 드레싱으로 샐러드에 많이 사용된다. 요즘은 발사믹 식초 드레싱에 나머지 재료를 넣어 만들기도 한다.

식초 드레싱 + 양파 + 청·홍피망 + 파슬리

프렌치 과일 드레싱(French Fruit Dressing)

이 드레싱은 올리브유와 식초를 3:1 정도의 비율로 넣어서 만든다. 여기에 다양하게 양 조절을 해서 만들기도 하고 새로운 재료를 넣어 다양한 드레싱을 개발한다.
French Fruit Dressing은 건자두와 레몬주스, 파인애플을 넣어 만든다. 이와 비슷한 드레싱은 다음과 같다.

응용 드레싱

Horseradish Dressing : French Dressing + Horseradish
Mustard Dressing : French Dressing + Mustard
Chiffonade Dressing : French Dressing + 파슬리 + 삶은 달걀 + 양파 + 홍피망

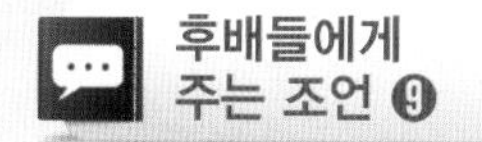

조리사도 주 전공이 필요하다

나는 평생 소스를 연구해 왔다.
프랑스에서 요구하는 소스 트렌드와 미국의 트렌드가 다르다. 당연히 우리도 다르다. 크게 보면 동양은 발효(간장, 된장, 젓갈) 중심이고, 서양은 즉석에서 하는 생소스(생크림, 육수) 중심이다. 하지만 공통점은 음식의 풍미를 더해주고 맛을 조화롭게 한다는 것이다.
필자는 우리나라에서 소스라는 단어가 생소할 때 소스 연구를 했다. 그런데 요즘은 '소스' 하면 '최수근' 할 정도로 인지도가 높아졌다. 여기서 이야기하고자 하는 것은 개인적인 자랑이 아니다. 지금도 조리사들 각자의 전공이 필요하다. 학교에서 석박사들을 지도해 보아도 알 수 있다. 본인이 직장에서 하는 일을 과학적으로 증명하려는 노력이 필요하다.
본인이 한식을 하면 한식 중에서 연구주제를 찾아서 연구해야 하는데 생각이 없다. 적당히 논문을 위한 논문을 정리하다 보면 나중에 남는 것이 없다. 연구소재는 많다. 꼭 새로운 것을 찾으려 하지 말고 많이 연구된 주제를 새로운 각도에서 연구해 보면 본인의 연구주제는 학계에 평생 남을 것이다.
필자는 신라호텔에서 근무할 당시 브라운 육수 만드는 데 시간, 재료, 노력이 너무 많이 들어가는 것을 좀 더 쉬운 방법으로 조리하여 주방의 원가를 낮추고, 고객에게 좋은 소스를 제공하기로 맘먹고 이 주제를 가지고 박사 논문을 정리했다.
이제는 셰프들도 다양한 자기 이미지를 각자 만들었으면 한다. 예를 들어 생선요리 전문가, 샐러드 전문가, 소고기 요리전문가, 한 · 중 · 일 소스 전문가, 후식 전문가, 김치 전문가, 드레싱 전문가, 유아음식 전문가, 병원식 전문가 등, 어느 하나를 정해서 본인의 스펙을 높일 필요가 있다.
처음부터 전문가일 수는 없다. 꾸준히 자기 분야에 대해서 연구하고 발표하면 그것이 본인의 실력으로 평가된다. 같은 주제를 3년 동안 꾸준히 공부하면 그 분야에 전문가가 된다는 말이 있다. 실상 주방에서 일하고 집에 가기도 바쁜데 언제 공부하고 언제 스펙을 쌓느냐고 하겠지만, 그럼에도 남들보다 더 노력해야 전문가가 될 수 있다. 주어진 시간을 잘 활용하는 것이 중요하다.

Seafood Salad with Lemon Vinaigrette

레몬 드레싱을 곁들인 해산물 샐러드 (Seafood Salad with Lemon Vinaigrette)

재료 및 분량(4인분)

바닷가재(Lobster)_____150g
오징어(한치)(Cuttlefish)_150g
가리비(Scallop)_______150g
홍합(Mussel)_________100g
셀러리(Celery)________80g
아보카도(Avocado)______2ea
빨간·노란 피망
(Red, Yellow bell pepper)___각 120g
대파(Leek)___________60g
소금(Salt)·**후추**(Pepper)__약간씩
차이브(Chive)_________8ea

〈쿠르부용 Court-bouillon**〉**
물(Water)____________500ml
식초(Vinegar)__________20ml
셀러리(Celery)_________20g
대파(Leek)____________60g
양파(Onion)___________20g
화이트와인(White wine)__100ml
흰 통후추(White pepper corn)__5g
월계수잎(Bay leaf)______1leaf
타임(Thyme)__________약간

〈레몬 식초소스 Lemon vinegar sauce**〉**
레드와인 식초
(Red wine vinegar)________30ml
올리브오일(Olive oil)____90ml
양파(Onion)___________15g
레몬(Lemon)___________1ea
레몬껍질 채썬 것
(Shred lemon skin)_________15g
파슬리(Parsley)________약간

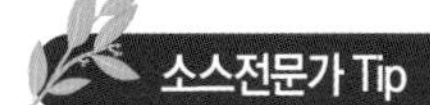

- 바닷가재는 삶아서 일정한 크기로 자르고, 가리비는 넓게 슬라이스한다.
- 홍합은 마늘과 와인에 잘 포치하여 사용한다.
- 각종 샐러드는 미리 손질하여 물에 담갔다가 사용한다.
- 최대한 신선도를 유지한다.

만드는 법

1 쿠르부용과 레몬 비네그레트를 만든다.
2 바닷가재와 오징어(한치) 및 가리비는 쿠르부용에 데쳐 넓게 편썰기를 한다.
3 홍합은 오일, 마늘, 셀러리, 양파 등을 팬에 넣어 볶고 화이트와인을 가미해 비린내를 제거하여 삶아낸다. 그 후 껍질과 살을 분리하여 손질한다.
4 아보카도는 얇게 썰고 셀러리, 피망, 대파는 아주 얇게 채썰어 찬물에 담가놓는다.
5 손질한 해산물에 소금, 후추와 레몬주스로 양념한다.
6 바닷가재, 가리비, 오징어(한치)와 홍합, 아보카도, 가리비의 순으로 해서 원통 모양으로 쌓는다.
7 적당한 접시에 원통모양의 해산물을 옮겨놓는다.
8 채썬 채소를 해산물 위에 얹는다.
9 레몬 드레싱에 레몬 제스트와 다진 파슬리를 넣고 뿌려준다.
10 차이브 두 개로 장식한다.

요리 실습 전에 프레치 드레싱을 만든다.
준비한 프렌치 드레싱에 추가로 재료를 넣어 파생 프렌치 드레싱을 만들어 요리에 곁들인다.

평가기준

- 해산물 손질
- 해산물의 삶는 순서와 방법
- 채소의 신선도를 위한 손질방법
- 소스의 맛과 재료

Pan Fried Duck Breast with Oven Dried Cherry Tomatoes, Flower Vegetables Bouquet and Champagne Sauce

얇게 썬 오리가슴살과 말린 방울토마토와 샴페인 소스

(Pan Fried Duck Breast with Oven Dried Cherry Tomatoes, Flower Vegetables Bouquet and Champagne Sauce)

재료 및 분량(1인분)

오리가슴살(Duck breast)___2pc
오렌지(Orange)_2pc(100gX2)
방울토마토(Cherry tomato)_20ea
로즈메리(Rosemary)______4ea
타임(Thyme)___________4ea
물냉이(Watercress)_______40g
셀러리순(Celery shoot)_____40g
마늘(Garic)____________2ea
졸인 샴페인 소스
(Boil down with Champagne sauce)_30ml
사워크림(Sour cream)____60ml

〈샴페인 드레싱 Champagne dressing**〉**
샴페인식초
(Champagne vinegar)________70ml
샐러드오일(Salad oil)_____50ml
호두오일(Walnut oil)______20ml
소금(Salt)·**후추**(Pepper)__약간씩

소스전문가 Tip

- 요리작품 만드는 작업순서는 과학적이고 합리적이며, 적정한 기구를 사용해야 한다.
- 메뉴가 요구하는 정확한 작품을 만들고, 완성된 요리는 전체적인 조화를 이루어야 한다.
- 완성된 요리의 온도, 익은 정도 등은 그 요리의 특성에 맞도록 한다.
- 발사믹 소스를 곁들이는 셰프도 있다.

만드는 법

1 열이 가해진 프라이팬에 기름을 두른다.
2 프라이팬에 로즈메리와 타임 및 오리가슴살을 망사 모양으로 칼집을 내어 색깔을 낸다.
3 오리가슴살은 미디엄으로 익혀 식히고, 얇게 썬다.
4 셀러리순, 물냉이, 로즈메리의 순으로 부케가르니를 만든다.
5 전채용 접시에 얇게 썬 오리가슴살과 오렌지의 순서로 돌려 담는다.
6 그 위에 채소 부케와 토마토를 놓는다.
7 샴페인 식초와 사워크림 소스로 마무리한다.
8 채소 부케에는 샐러드 드레싱을 묻혀준다.

〈응용된 샴페인 드레싱 만들기〉
1 준비한 재료를 볼에 담는다.
2 거품기로 잘 저어서 소금 · 후추를 넣고 마무리한다.

요리 실습 전에 프렌치 드레싱을 만든다.
준비한 프렌치 드레싱에 추가로 재료를 넣어 파생 프렌치 드레싱을 만들어 요리에 곁들인다.

평가기준

- 오리살 중간 익히기
- 채소 부케 만들기
- 샐러드 드레싱 만들기

Assorted Vegetables Cake with Balsamic Dressing and Basil Oil

발사믹 드레싱과 바질 오일로 맛을 낸 채소요리
(Assorted Vegetables Cake with Balsamic Dressing and Basil Oil)

재료 및 분량(1인분)

토마토(Tomato)_________80g
호박(Pumpkin)__________80g
양파(Onion)___________120g
마늘(Garlic)____________20g
가지(Egg plant)__________80g
노란 파프리카(Yellow paprika)_80g
청·홍피망
(Green, Red bell pepper)_____각 60g
모차렐라 치즈
(Mozzarella cheese)_________80g
올리브오일(Olive oil)___120ml
바질잎(Basil leaf)___10leaves
대파(Leek) ___________약간
깻잎(Perilla leaf)_________약간
소금(Salt)·**후추**(Pepper)_약간씩

- 요리작품 만드는 작업순서는 과학적이고 합리적이며, 적정한 기구를 사용해야 한다.
- 메뉴가 요구하는 정확한 작품을 만들고, 완성된 요리는 전체적인 조화를 이루어야 한다.
- 작업을 위생적으로 하며, 정리·정돈을 한다.

만드는 법

1 모든 채소는 7cm 정도로 둥글게 잘라 미지근한 소금물에 30분 정도 담가둔다.
2 호박, 가지, 토마토, 양파는 소금, 후추로 간을 한 후 그릴에서 익힌다.
3 피망에 올리브오일을 바르고 오븐에서 10분 정도 구워서 껍질을 벗겨낸다.
4 적당한 크기의 틀에 색의 배합을 고려해서 층층이 쌓아 올린다.
5 올리브오일과 발사믹 식초를 3:1의 비율로 하여 드레싱을 만든다.
6 올리브오일 20g에 바질잎 10장을 넣고 갈아 고운체에 걸러서 바질오일을 만든다.
7 발사믹 드레싱과 바질오일을 주변에 두른다.
8 튀긴 대파와 깻잎으로 장식한다.

요리 실습 전에 프렌치 드레싱을 만든다.
준비한 프렌치 드레싱에 추가로 재료를 넣어 파생 프렌치 드레싱을 만들어 요리에 곁들인다.

평가기준

- 채소 그릴에 익히기 만들기
- 발사믹 드레싱 만들기

Lobster a la Parisienne with Herb in Red Wine Vinaigrette

레드와인을 곁들인 바닷가재 무스
(Lobster a la Parisienne with Herb in Red Wine Vinaigrette)

재료 및 분량(4인분)

바닷가재(Lobster)_____600g
생크림(Fresh cream) __100ml
달걀(Egg)___________3ea
처빌(Chervil)_______4leaves
치커리(Chicory)_____2leaves
레드와인 식초
(Red wine vinegar) _____30ml
겨자잎(Mustard leaf)__2leaves
감자(Potato)__________2ea
그린비타민(Green vitamin)_2leaves
시금치(Spinach)________10g
빨간 피망(Red bell pepper)___1ea
소금(Salt)·후추(Pepper)_약간씩

- 완성된 요리는 전체적인 조화를 이루어야 한다.
- 전 작업을 위생적으로 하며, 정리정돈을 한다.
- 작업순서는 과학적이고 적당한 기구를 사용해야 한다.

만드는 법

1 로브스터 살과 달걀흰자에 소금, 후추를 넣고 믹서기에 곱게 간 뒤 생크림을 넣어 조금 더 갈아준다.
2 둥그런 몰드에 비닐을 깔고 무스를 넣는다.
3 끓는 물에 데쳐 찬물에 식힌 뒤 물기 제거한 시금치를 놓고, 무스를 약간 더 넣는다.
4 빨간 피망의 속살을 제거하여 얇게 저며 끓는 물에 살짝 데치고 찬물에 식혀 물기를 제거한다. 준비된 빨간 피망을 넣고, 나머지 무스를 넣는다.
5 둥그런 모양이 되게 하여 호일을 이용하여 덮는다.
6 90℃에서 45분 정도 오븐에 넣고 스팀한다.
7 로브스터 꼬리 껍질부분을 끓는 물에 살짝 삶아준다.
8 채소를 이용하여 샐러드 부케를 준비한다.
9 링에 버터를 발라 냉장고에 넣고 버터가 굳으면 감자를 갱을 쳐서 버터 바른 링에 감아 깨끗한 기름에 튀겨 준비한다.
10 로브스터 꼬리를 접시의 가운데 놓고, 부케가르니와 감자링을 놓는다.
11 로브스터 꼬리 위에 식혀놓은 무스를 썰어서 가지런히 레드와인 식초에 약간의 처빌과 차이브를 장식한다.

요리 실습 전에 프렌치 드레싱을 만든다.
준비한 프렌치 드레싱에 추가로 재료를 넣어 파생 프렌치 드레싱을 만들어 요리에 곁들인다.

평가기준

- 바닷가재의 손질과 처리
- 삶은 달걀을 이용해 무스 만들기
- 바닷가재를 약 2mm 정도 두께로 썰기
- 허브 샐러드 만들기

Salad Tuna Carpaccio and Crispy Watercress and Sesame Oil Dressing

크레송 샐러드를 곁들인 참치 카르파치오와 참기름 드레싱
(Salad Tuna Carpaccio and Crispy Watercress and Sesame Oil Dressing)

재료 및 분량(4인분)

냉동참치(화이트) (Freezing tuna(white)) ________ 160g
냉동참치(레드) (Freezing tuna(red)) ________ 160g
크레송(Watercress) ________ 80g
크레송 부케 (Watercress bouquet) ________ 4다발
간장(Soy sauce) ________ 4ts
소금(Salt)·**후추**(Pepper) _ 약간씩

〈참치 절이기 Salted tuna**〉**
마늘(garlic) ________ 10g
샐러드오일(Salad oil) __ 120ml
바질(Basil) ________ 4leaves
소금(Salt)·**후추**(Pepper) _ 약간씩

〈참기름 소스 Sesame oil sauce**〉**
참기름(Seaami oil) ________ 3tsp
간장(Soy sauce) ________ 1tsp
다진 생강(Crushed ginger) __ 1tsp
레몬주스(Lemon juice) ____ 1tsp
볶은 깨(Roast sesame) ____ 1tsp
설탕(Sugar) ________ 1tsp

- 참치의 겉과 속의 절임상태에 유의한다.
- 참기름과 간장의 배합조화로 염도에 유의한다.
- 정확한 작품을 만들고, 전체적인 조화를 이루어야 한다.
- 전 작업을 위생적으로 하며, 정리·정돈을 한다.

만드는 법

1 마리네이드한 참치는 연어 나이프로 얇게 슬라이스해서 준비한다.
2 참기름 드레싱을 만드는 경우 염도, 산도, 당도에 주의한다.
3 생강은 드레싱에 넣기 위해 곱게 다지거나 주스를 생산하고 바질은 슬라이스한다.
4 샐러드 부케는 얼음물에 담가 싱싱하게 살린 후 부케를 만들 때 밑부분은 차이브로 묶어서 완성한다.
5 호박, 당근, 무는 돌려깎기하여 쥘리엔으로 썰고 소금물에 블랜칭하여 얼음물에 담가놓는다.
6 차가운 접시에 슬라이스한 참치를 돌려 담고 샐러드 부케를 올려놓는다.
7 참치 위에 데쳐놓은 호박, 당근, 무를 가지런히 색을 맞추어 돌려놓고, 참기름 드레싱을 뿌린다.
8 방울토마토로 장식한다.

요리 실습 전에 프렌치 드레싱을 만든다.
준비한 프렌치 드레싱에 추가로 재료를 넣어 파생 프렌치 드레싱을 만들어 요리에 곁들인다.

평가기준

- 준비되어 있는 양념류로 참치를 절이기
- 참치는 얇게 썰어 사용하기
- 크레송 샐러드를 만들기
- 참기름 소스를 만들기

8 Basic 버터소스 1

버터소스의 모체소스는 홀랜다이즈 소스이다. 파생소스로는 베어네이즈 소스가 있다.

홀랜다이즈 소스(Hollandaise Sauce)는 본래 프랑스에 공물을 바치던 네덜란드에서 유래되었다고 해서 붙여진 이름이다. 홀랜다이즈 소스는 버터소스의 기본이 되는 것으로 만드는 법이 까다로워 몇 가지 주의할 점이 있다. 조리 시 버터를 중탕으로 녹여 정제버터를 만들어 사용해야 하며, 첨가하는 식초소스는 향신료를 넣어 만들어야 한다. 또한 달갈노른자는 실온에 있던 것을 사용해야 분리되는 것을 막아준다.

모체소스	파생소스	응용요리
홀랜다이즈 소스(Hollandaise Sauce)	• 베어네이즈 소스(Bearnaise Sauce) • 샹티이 소스(Chantilly Sauce) • 무슬린 소스(Mousseline Sauce)	• 돼지기름망과 말린 자두로 속을 채운 송아지 안심요리와 버터소스 (Veal Tenderloin with Dry Prunes and Pork Net and Butter Sauce) • 버터소스를 곁들인 안심 스테이크 (Oven Baked Garlic Crusted Beef Tenderloin Steak with Hollandaise Sauce)

홀랜다이즈 소스(Hollandaise Sauce) 개요

버터소스의 기원은 고대 노르만민족이 소, 암양, 염소, 낙타의 젖에서 만든 것이 시초이다.

아리아인(Aryan)들은 버터를 신성한 음식이라 생각했다. 아리안들이 버터를 그리스에서 들여온 후부터 유럽 전역에 퍼져나갔다. 버터는 우유, 크림 혹은 우유크림 혼합물에서 만들어지고 무염, 유염 그리고 색소를 넣거나 하여 유지방이 80% 이상 되어야 한다.

버터는 우유의 지방을 원심분리하여 크림을 만들고, 이것을 다시 세게 휘저어 응고시켜 만든 유제품으로, 유지방 함량이 80% 이상이다. 버터는 대부분 우유로 만들지만 양이나 염소, 버펄로, 야크 같은 포유류의 젖으로도 만들 수 있다. 또한 연한 노란색에서 흰색까지 다양하며, 젖을 짠 동물의 먹이에 따라 색이 결정되어 보통 제조공정 중에 안나토나 카로틴 같은 식용색소를 넣기도 한다. 버터는 스프레드나 조미료로 쓰이기도 하고, 구이나 볶음, 양념 등에 다양하게 쓰인다.

버터에는 유산균을 넣어 발효시킨 발효버터(Sour Butter)와 발효과정 없이 숙성시킨 감성버터(Sweet Butter), 소금이 들어간 가염버터(Salted Butter), 소금을 넣지 않은 무염버터(Unsalted Butter)가 있다. 일반 가정에서는 대부분 가염버터를 사용하며, 무염버터는 보존성이 짧고 맛이 떨어지므로 제과나 조리용으로 이용된다.

버터소스는 주로 서양에서 사용되며, 동양에서는 오일 대용으로 사용하기도 한다.

소스를 만들 때는 무염버터를 쓰는 것이 좋고, 정제버터는 보관할 수 있는 시간이 길지만 하루 이상 두면 냄새가 나기 때문에 즉시 사용하는 것이 좋다.

버터소스의 경우 버터 자체는 소스가 갖고 있는 성질을 고루 갖고 있어 버터를 입안에 넣으면 짙고 풍부하고 섬세한 풍미가 입안 가득 퍼지면서 긴 여운을 남긴다.

녹인 버터의 질감은 소스 농도와 같다. 녹인 버터의 농도 덕분에 물보다 느리게 움직이며 끈적끈적하다. 그래서 녹인 버터는 전체 버터이든 수분을 제거한 정제버터이든 간소하면서도 맛있는 소스의 재료가 된다.

그리고 신선하고 크림 같은 조직을 가져야 이상적이다. 버터소스 가운데 대표적인 것이 홀랜다이즈(Hollandaise)인데 이것은 더운 마요네즈이다. 원래의 의미는 더치(Dutch)인데 네덜란드가 옛날에 프랑스 식민지일 때 프랑스에 공물로 바치던 버터가 지금의 소스 이름이 된 것이다. 버터소스는 프랑스에서 매력적인 소스가 되었다. 이 소스는 끓이면 안 되고 중탕시켜서 아스파라거스, 브로콜리 등과 함께 사용하면 좋다. 그리고 흰 생선에 겨자를 섞어서 이용하기도 하고 냉장고에 굳혀서 카나페(Canape)에 사용할 경우 일주일 정도 사용해도 무방하다. 일반적인 버터소스는 녹은 버터에 소금, 레몬 섞은 것을 요리에 뿌려주는 것을 말한다. 녹인 버터를 사용하면 불순물이 모두 제거된다.

홀랜다이즈 소스는 마요네즈 소스처럼 오일과 달걀노른자로 만든 유제소스이다. 홀랜다이즈 소스는 뜨거운 상태로 음식과 함께 제공되고, 정제버터로 만들며, 버터를 넣기 전 열 위에서 거품이 생길 정도의 농도로 노른자를 저어 만들면 마요네즈 소스보다 부드럽고 가벼운 농도를 지닐 수 있다.

이 소스를 만들 때 꼭 알아야 할 것은 다음과 같다.

- 버터를 은근한 불에 끓여 불순물과 구분한다.
- 화이트와인과 타라곤, 월계수잎, 후추, 차이브, 식초 등을 넣고 졸여놓는다.
- 달걀노른자와 버터를 섞을 때 중탕해야 하는데, 온도가 너무 높으면 달걀이 익고, 온도가 낮으면 소스 엉기는 시간이 늦어진다. 시간이 없을 때는 약간 익혀서 거즈에 거르는 방법을 써도 좋다.
- 버터소스는 쉽게 분리되기 때문에 서두르지 말고 차분한 마음으로 만들어야 한다.
- 알루미늄 그릇은 소스를 회색으로 변질시킬 우려가 있기 때문에 사용하지 않는 것이 좋다.

• 소스가 분리되었을 때 찬 소스에는 더운물을 붓고 따뜻한 소스에는 찬물을 부어 섞으면 다시 응고된다.

베어네이즈 소스로 응용할 수 있으며, 채소와 달걀, 생선요리 등과 잘 어울린다.

마지막으로 혼합버터는 많은 요리에 사용되고 있는데, 원래는 소스에 특별히 요구되는 향기를 주는 것으로 널리 사용되었다. 생버터소스를 주방에서 Compound Butter(Cold Butter Sauce)라고도 하는데 용도는 혼합버터 소스란 표현이 맞을 것 같다. 진한 풍미를 가지고 있어서 육류(소고기), 생선, 파스타 등에 쓰인다. 뜨거운 고기 위에 생버터 소스를 곁들여서 맛을 첨가하는 데 이용된다. 대표적인 버터는 매트로 드텔(Maitre D'hotel)인데 이것은 뜨거운 요리에 차갑게 나가는 것이 좋다. 냉장고에 보관해 두었다가 둥글게 썰어놓으면 손님 앞에서 요리에 버터가 녹아 흘러 향이 첨가된 요리의 맛을 느낄 수 있다.

버터소스의 모체소스는 홀랜다이즈 소스이다. 파생소스로는 베어네이즈, 샹티이, 무슬린 소스가 있다.

홀랜다이즈 소스(Hollandaise Sauce)는 본래 프랑스에 공물을 바치던 네덜란드에서 유래된 이름이다. 홀랜다이즈 소스는 버터소스의 기본이 되는 것으로 만드는 법이 까다로워 몇 가지 주의할 점이 있다. 조리 시 버터를 중탕으로 녹여 정제버터를 만들어 사용해야 하며, 첨가하는 식초소스는 향신료를 넣고 만들어야 한다. 또한 달걀노른자는 실온에 있던 것을 사용해야 분리현상을 막아준다.

베어네이즈 소스(Bearnaise Sauce)의 이름은 원래 헨리 4세가 태어났던 특별한 지역을 상기시키는데 실제로 베아른에서 유래되지 않았다. 이 소스는 파비용 헨리 4세를 위하여 1830년 컬리네트(Colinet)라는 요리사에 의해 생 제르맹 앙레(Saint Germain en Laye)에서 실현되었다.

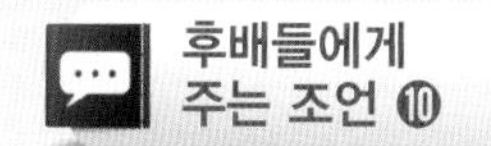

노력하는 셰프는 성공한다

조리사로서의 성공이란 무엇일까. 조리사로서 성공이라 하면 기준이 모호하다. 과거에 우리의 우상 셰프들이 돈을 많이 벌어서 잘살고 있는 것이 성공인지, 아니면 조용히 정년하고 조용히 손주들 보면서 후배들 사이에서 멀어지는 선배들이 성공한 것인지 모르겠다. 또는 책을 많이 써서 기억에 남는 선배, 학력이 높아서, 아니면 단체장을 많이 지낸 선배님이 성공한 것인지 아니면 식당을 크게 하여 후배들에게 인정받는 선배가 성공한 것인지 잘 모르겠다.
지금 생각에는 후배들에게 존경받으면서 묵묵히 자기 일을 성실히 하는 것이 성공한 선배라고 생각한다. 누가 여기에 속하는지, 어디에 있는지는 각자의 마음에 달렸다.
이병우 롯데 조리 상무님이 나의 성공인에 들어간다. 이분은 롯데호텔에서 실습생부터 시작해서 조리부문 최정상까지 올라간 분으로 많은 후배 조리사들의 귀감이 되었다. 명장도 되고, 경희대학에서 경영학 박사학위를 받았으며, 꾸준히 자기 목표를 향해 전진했다. 롯데에 30여 년 있는 동안 이분도 얼마나 직장을 옮기고 싶었을까. 학교, 다른 직장에서의 유혹도 많았을 것이다. 그렇지만 조리사로서 한 직장에 오래 있으면서 나의 역량을 펼치고 근무하는 것도 나쁘지 않다고 생각했기에 지금의 위치에 온 것이 아닐까 추측해 본다.
필자도 경험했지만 현장에서 일하다 보면 직장을 떠나고 싶은 마음이 굴뚝 같을 때가 자주 있다. 이럴 때마다 내가 존경하는 선배들의 발자취를 더듬어보며 이분들은 이 상황에서 어떻게 처신하고 이 어려움을 극복했을까 생각하면서 근무했다. 내 앞에 선배가 있으면 편하다. 앞에 책임자가 없으면 편할 것 같지만 당해 보면 더 어렵다는 사실을 깨닫게 된다. 선배를 기억하면서 일을 처리하다 보면 일이 잘 마무리된 기억이 많다. 직원들의 평가문제, 업무처리 방법, 타 부서와의 관계 등, 해결한 것을 기억해 보면 선배님들의 지혜와 용기에 박수를 보낸다.
이병우 상무님과는 88올림픽 때 선수촌에서 같이 근무한 경험이 있다. 같이 근무해 보니 업무의 처리방법이나 직원 관리방법이 훌륭했다. 먼 훗날 큰 셰프가 될 분이라고 생각했는데, 요즘 보면 롯데를 대표로 많은 분야에 공헌하는 걸 보며 역시 이병우 상무는 성공한 셰프라고 말하고 싶다.
훌륭한 셰프는 하루아침에 이루어지지 않는다. 많은 시간을 개인의 땀에 서린 경험이 바탕이 되어야 한다. 더 많은 좋은 셰프들이 탄생하여 우리 조리업계에 큰일을 해주면 좋겠다.

홀랜다이즈 소스(Hollandaise Sauce)

1 홀랜다이즈 소스를 이용하여 파생소스를 만들 수 있는 능력을 키운다.
2 버터를 이용하여 다양한 버터소스를 개발하는 능력을 키울 수 있다.
3 다양한 향신료를 넣은 홀랜다이즈 소스를 개발한다.
4 버터소스 보관방법을 익힌다.

모체소스

홀랜다이즈 소스(Hollandaise Sauce)

재료 및 분량(산출량 150ml)

무염버터(Unsalted butter)_200g
달걀(Egg)_2ea
양파(Onion)_30g
레몬(Lemon)_1/4ea
파슬리(Parsley)_1ea
식초(Vinegar)_20ml
월계수잎(Bay leaf)_1leaf
통후추(Pepper corn)_5g
소금(Salt)·**흰 후추**(White Pepper) 약간씩

조리도구

도마, 칼, 저울, 계량컵
소스 팬, 냄비, 거즈
체, 믹싱 볼, 거품기

1. 재료를 넣고 졸인다.
2. 노른자를 넣는다.
3. 거품기로 젓는다.
4. 정제버터를 넣고 올린다.
5. 소창에 거른다.
6. 양념하여 마무리한다.

만드는 법

1 달걀노른자를 분리하여 놓는다.
2 버터를 녹여 지방부분을 정제한다.
(이중탕기를 이용하면 수분과 지방층을 쉽게 분리할 수 있다.)
3 양파는 다지고 통후추는 으깬다.
4 냄비에 양파 다진 것과 통후추, 식초, 물 70ml를 넣고 끓여 2큰술 정도가 되게 졸인 다음 체에 거른다.
5 이중탕 믹싱 볼에 달걀노른자와 졸여놓은 소스를 약 70℃가 되게 한 다음 휘저어 충분히 거품이 나면 녹여놓은 정제버터를 조금씩 넣으면서 저어 크림상태로 만든다.
(노른자의 거품을 충분하고 단단하게 올려야 부드러운 크림상태의 소스를 만들 수 있다.)
6 크림상태가 된 후 레몬즙과 소금, 흰 후추를 넣는다.
7 거즈를 이용해 소스를 걸러낸다.

평가기준

- 버터 정제하기
- 달걀 황·백으로 분리하기
- 달걀노른자와 버터 유화하기
- 소스 마무리하기

- 중탕할 때 온도가 너무 높으면 달걀노른자가 익고 너무 낮으면 소스의 농도를 맞추기가 어렵다.
- 정제하지 않은 버터를 쓰면 냄새가 나고 빨리 상한다.
- 알루미늄 그릇은 소스의 맛을 변질시키므로 스테인리스 그릇을 사용한다.
- 소스는 일주일까지 냉장 보관할 수 있으며, 사용할 때는 약하게 끓는 물에 볼을 얹고 서서히 데우면서 계속 거품을 내어 사용한다.
- 홀랜다이즈(Hollandaise)는 마요네즈(Mayonnaise)처럼 오일과 달걀노른자의 유제소스다. 홀랜다이즈는 뜨겁게 서브되고, 정제버터로 만들며, 버터를 넣기 전에 열 위에서 거품이 생길 정도로 노른자를 저어 만들면 마요네즈보다 더 부드럽고 가벼운 농도를 지닐 수 있다.

베어네이즈 소스(Bearnaise Sauce)

이 소스는 홀랜다이즈 소스에 타라곤, 파슬리 등을 넣어 만든 소스이다.
베어네이즈 소스를 만들 때 달걀노른자가 싱싱해야 소스가 잘 만들어지는데 이때 달걀노른자가 익으면 안 된다.
홀랜다이즈 + 다진 샬롯 + 식초 + 각종 향신료(타라곤)

샹티이 소스(Chantilly Sauce)

이 소스는 프랑스의 유명한 셰프 바텔(1635~1691)이 만든 소스로 유명하다.
홀랜다이즈 소스에 생크림을 거품내어 넣은 부드러운 소스로 인기가 있다. 주로 흰살생선 구이나 찜에 곁들이는데 아스파라거스에 곁들이는 셰프도 있다.
홀랜다이즈 + 생크림 (3:1 정도)

무슬린 소스(Mousseline Sauce)

이 소스는 샹티이 소스와 비슷하지만 레몬주스가 첨가된 생선요리 소스이다. 이 소스와 비슷한 것은 다음과 같다.

Paloise Sauce : 홀랜다이즈 + 민트
Foyot Sauce : 베어네이즈 + 글라스 드 비앙드
Choron Sauce : 베어네이즈 + 토마토 페이스트 + 생크림
Rachel Sauce : 홀랜다이즈 + 데미글라스

후배들에게
주는 조언 ⑪

요리는 상상력이 있어야 창작할 수 있다

얼마 전 어떤 책에서 조리사를 평하는 내용을 보았다. 천재 요리사, 색의 마술사, 맛의 달인, 식재료를 가장 잘 다루는 셰프로 평하는 것을 보고 이제는 요리도 예술의 경지에 올라온 것 같은 느낌을 받았다. 앞으로 젊은 조리사들이 요리의 수준을 높여놓아야 한다. 남의 요리를 존경의 눈으로 보고, 예술의 감각으로 평가하는 것을 보고 우리의 요리가 선진국 대열에 올랐다고 생각했다. 남의 요리를 인색하게 평하면 내 요리도 인색하게 평가받게 되어 있다.

이제는 서로가 서로의 요리를 인정해야 한다. 요리평가가 잘 되어야 좋은 평론이 나올 것이고 이런 분위기가 결국은 한국 전체 식문화의 발전으로 이어질 것이라 생각한다.

프랑스에서 발행된 책에서 셰프에 대하여 매우 좋게 평가한 것을 보고 깜짝 놀랐다. 그림의 경우 어떤 평론가가 어떤 평가를 해주었느냐에 따라 그림 값이 올라간다고 한다.

요리도 좋은 평가를 받은 셰프는 조리업계나 사회에서 인정받는 분위기가 되어야 한다고 생각한다. 그런데 우리는 요리평가에 인색하고 요리평가를 꺼리는 데 문제가 있다. 자기 요리를 당당하게 발표하고 당당하게 평가하는 때는 언제 올 것인지 궁금하다. 선배가 된 입장에서 젊은 셰프들이 예술적인 요리를 발표하고 이를 보고 예술적 측면에서 평가하는 시대가 빨리 오기를 기대해 본다. 미학을 공부한 사람들이 많이 참여해야 한다고 생각한다. 서울대에서 미학을 공부하고 프랑스의 르 꼬르동 블루에서 요리 공부를 한 정한진이란 분이 있다는 이야기를 파리에서 들었다. 이런 분들이 많이 나와서 활동을 해야 우리 조리분야가 타 학문이나 타 산업에서 인정받는 때가 빨리 올 것이다. 객관적으로 평가가 공정해야 한다. 요즘 개인 블로거들이 일부 식당에 대하여 호불호 평가를 지나치게 하여 사회적인 물의를 일으킨 적이 있다. 이것은 아직도 우리 업계가 성숙되지 않은 과도기 과정이기 때문으로 이해하지만 이것을 항상 과도기로 보면 안 된다고 생각한다. 과도기란 말은 현실 도피란 생각이 든다. 75년부터 항상 나 자신이 잘 안 되면 지금은 과도기니까 어쩔 수 없다고 이야기했다. 지금 생각해 보니 이것은 핑계였던 것 같다.

한국 요리 발전의 기틀을 준비하려면 과거에 연연하지 말고 현재에 최선을 다해서 중심을 잡아야 한다. 젊은 조리사들이 예술의 경지에 오를 만한 요리를 개발하여 세계적인 셰프가 탄생하기를 기대해 본다.

Veal Tenderloin with Dry Prunes and Pork Net and Butter Sauce

돼지기름망과 말린 자두로 속을 채운 송아지 안심요리와 버터소스
(Veal Tenderloin with Dry Prunes and Pork Net and Butter Sauce)

재료 및 분량(4인분)

송아지 안심(Veal tenderloin) 680g
말린 자두(Dry prunes) 120g
돼지기름망(Pork net) 200g
버터소스(Butter sauce) 200ml
소금(Salt)·**후추**(Pepper) 약간씩

〈홀랜다이즈 소스 Hollandaise sauce**〉**
버터(Butter) 100g
달걀(Egg) 1ea
양파(Onion) 150g
레몬(Lemon) 1/4ea
파슬리(Parsley) 1ea
식초(Vinegar) 5ml
월계수잎(Bay leaf) 1leaf
소금(Salt)·**통후추**(Pepper corn)·**흰 후추**(White pepper) 약간씩

〈더운 채소 만들기〉
아스파라거스(Asparagus) 80g
호박(Pumpkin) 120g
당근(Carrot) 120g
빨간 피망(Red bell pepper) 80g

소스전문가 Tip

- 스테이크 조리방법에 유의한다.
- 주요리의 양에 유의한다.
- 곁들임채소의 조리방법에 유의한다.
- 소스의 농도와 색에 유의한다.

만드는 법

1. 송아지 안심은 가장자리 중심으로 펴고 말린 자두는 돼지기름망에 싸서 준비한다.
2. 송아지 안심에 소금 · 후추로 간한 후 돼지기름망, 자두는 가장자리에 놓고 조리용 실로 묶어 팬에서 색을 낸 후 오븐에 넣어서 익힌다.
3. 고구마는 얇게 슬라이스해서 여러 곳에 둥근 모양으로 구멍을 내고 170~180℃에서 30초 정도 튀긴다.
4. 껍질 벗긴 아스파라거스와 올리베트로 썬 당근은 데쳐서 버터에 볶은 후 소금 · 후추를 뿌린다.
5. 호박과 피망은 얇게 썰어 석쇠구이한 후 소금 · 후추로 간한 뒤 오일을 조금 뿌려 오븐에 1분 정도 익힌다.
6. 버터를 녹여 홀랜다이즈 소스를 준비한다.(정제버터)
7. 따뜻한 접시에 송아지 안심을 반으로 잘라놓는다.
8. 그릴한 채소와 당근, 아스파라거스, 고구마 튀긴 것과 물에 담가놓은 로즈메리를 넣고 준비한 응용 홀랜다이즈 소스를 곁들여 완성한다.

요리 실습 전에 홀랜다이즈 소스를 만든다.
준비한 홀랜다이즈 소스에 추가로 재료를 넣어 파생 홀랜다이즈 소스를 만들어 요리에 곁들인다.

평가기준

- 주어진 재료를 사용하여 안심 스테이크를 만들기
- 곁들임채소는 3가지 이상의 모양과 조리방법을 선택하기
- 스테이크의 굽기 정도는 미디엄으로 하기

Oven Baked Garlic Crusted Beef Tenderloin Steak with Hollandaise Sauce

버터소스를 곁들인 안심 스테이크
(Oven Baked Garlic Crusted Beef Tenderloin Steak with Hollandaise Sauce)

재료 및 분량(4인분)

소고기안심(Beef tenderloin)___600g
당근(Carrot)___150g
호박(Pumpkin)___150g
감자(Potato)___200g
마늘(Garlic)___100g
물냉이(Watercress)___100g
샬롯(Shallot)___12ea
월계수잎(Bay leaf)___2leaves
로즈메리(Rosemary)___약간
소금(Salt)·**후추**(Pepper)___약간씩

〈홀랜다이즈 소스〉
정제버터(Clarified butter)___100g
달걀(Egg)___1ea
양파(Onion)___150g
레몬(Lemon)___1/4ea
파슬리(Parsley)___1ea
식초(Vinegar)___5ml
월계수잎(Bay leaf)___1leaf
소금(Salt)·**통후추**(Pepper corn)·
흰 후추(White pepper)___약간씩

- 스테이크 조리방법에 유의한다.
- 주요리의 양에 유의한다.
- 곁들임채소의 조리방법에 유의한다.
- 소스의 농도와 색에 유의한다.

만드는 법

1 당근과 호박은 깨끗이 손질한 뒤 얇게 썰어놓으며 물냉이도 흐르는 물에서 손질해 놓는다.
2 열이 가해진 깨끗한 프라이팬에 기름, 로즈메리, 마늘 얇게 썬 것과 소금 · 후추한 소고기 안심을 팬 프라이드한다.
3 색깔을 낸 고기 위에 곱게 다진 마늘을 바른 다음 180℃의 오븐에 10분 동안 구워낸다.
4 얇게 썬 당근, 호박에 소금 · 후추 및 올리브오일을 바른 다음 그릴한다.
5 껍질 깐 감자는 갱을 친 다음, 원형 몰드에 버터를 바른 후 감자를 돌려 묶어 기름에서 튀겨낸다.
6 버터를 녹여 홀랜다이즈 소스를 만든다.
7 접시에 준비한 안심을 놓고 접시 상단에 가니시를 한다.
8 파생 홀랜다이즈 소스를 곁들여 완성시킨다.

요리 실습 전에 홀랜다이즈 소스를 만든다.
준비한 홀랜다이즈 소스에 추가로 재료를 넣어 파생 홀랜다이즈 소스를 만들어 요리에 곁들인다.

평가기준

- 주어진 재료를 사용하여 안심 스테이크 만들기
- 곁들임채소는 3가지 이상의 모양과 조리방법을 선택하기
- 홀랜다이즈 소스를 만들어 곁들이기
- 스테이크의 굽기 정도는 미디엄으로 하기

9 Basic 버터소스 2

화이트 버터소스(White Butter Sauce)

버터는 고대 초기 노르만 민족이 소, 암양, 염소, 낙타 등의 우유로 만든 것을 시초로 아리아인들이 신성한 음식으로 생각한 인도인에게 소개해 주었다. 미국 농무성에서는 버터를 '버터라고 알려진 식품은 우유, 크림 등 혼합물에서만 만들어지고 무염이나 유염, 그리고 색소를 넣거나 안 넣은 유지방이 80% 함유된 것'이라고 정의하였다.

버터소스 중 뵈르블랑 소스는 부드럽고 따뜻한 버터소스이다. 버터소스의 농도가 제대로 나고 첨가한 향신료로부터 최대한의 맛을 내기 위해서는 약한 불에서 조리되어야 한다. 그리고 밀가루를 이용한 소스와는 다르게 따뜻한 버터소스는 너무 부드러워서 불 위에 직접 놓으면 버터가 완전히 녹아 분리될 우려가 있다. 버터소스는 생선, 조개, 채소와 잘 어울린다.

모체소스	파생소스	응용요리
화이트 버터소스 (White Butter Sauce)	• 브르타뉴 소스(Bretonne Sauce) • 베르시 소스(Bercy Sauce) • 레드와인 버터소스 (Red Wine Butter Sauce) • 샴페인 소스(Champagne Sauce)	• 버터소스로 맛을 낸 왕새우구이 (King Prawn and Ratatouille with Watercress and Butter Sauce) • 파리스타일 채소요리와 관자살구이 버터소스 (Sauteed Sea Scallops with Butter Sauce Parisienne)

화이트 버터소스(White Butter Sauce) 개요

버터는 고대 초기 노르만 민족이 소, 암양, 염소, 낙타 등의 우유로 만든 것을 시초로 아리아인들이 신성한 음식으로 생각한 인도인에게 소개해 주었다. 미국 농무성에서는 버터를 '버터라고 알려진 식품은 우유, 크림 등 혼합물에서만 만들어지고 무염이나 유염, 그리고 색소를 넣거나 안 넣은 유지방이 80% 함유된 것'이라고 정의하였다.

버터소스 중 뵈르블랑 소스는 부드럽고 따뜻한 버터소스이다. 버터소스의 농도가 제대로 나고 첨가한 향신료로부터 최대한의 맛을 내기 위해서는 약한 불에서 조리되어야 한다. 그리고 밀가루를 이용한 소스와는 다르게 따뜻한 버터소스는 너무 부드러워서 불 위에 직접 놓으면 버터가 완전히 녹아 분리될 우려가 있다. 버터소스는 생선, 조개, 채소와 잘 어울린다.

이 소스는 요즘 인기있는 버터소스로 많은 셰프가 선호하고 있다. 홀랜다이즈소스와 다른 점은 버터의 유화작용을 이용하지만 달걀노른자를 사용하지 않는다는 것이다. 즉 수분 속에 포함되어 있는 소량의 유화제와 자연 결합작용에 의해 이 소스가 생산된다. 이 소스의 응용소스는 많다. 농도는 홀랜다이즈보다 연하고 생크림보다는 당연히 진하다. 만들 때 주재료는 화이트와인과 향신료와 버터이다. 포도주는 향을, 버터는 소스를 형성하는 역할을 한다.

이 소스는 보관이 중요하다. 중탕으로 40~50℃ 정도에서 보관했다가 사용하는데 하루가 지나면 폐기해야 한다는 사실을 숙지해야 한다. 과거에는 이 소스를 일본식 발음으로 블루블랑이라고 했다. 이 소스를 만들기가 어려워 필자는 초보시절 고생을 많이 했다. 야단도 많이 맞았고 고민도 많이 해서 일하면서 연구해 본 결과 요령 몇 가지만 지키면 어렵지도 않다는 걸 알게 되었다.

그 비법을 소개하면 다음과 같다.

① 소스를 만들 때 분리되는 것을 막기 위해서는 생크림을 졸여서 사용하면 된다.

② 버터는 무염이 좋다. 염도는 나중에 셰프가 조절하면 된다.

③ 버터소스는 장시간 보관하면 나쁜 냄새가 난다.

④ 포도주 졸일 때 생크림을 첨가하면 맛과 향, 농도 색이 좋아진다.

아스파라거스 버터소스(Asparagus Butter Sauce)

채소나 향신료를 넣어서 만든 버터소스로 생선요리에 많이 이용된다.

아스파라거스 버터소스는 색을 낼 때 어려운 점이 있는데 일부 셰프들은 시금치 녹수를 첨가하기도 한다.

레드와인 버터소스(Red Wine Butter Sauce)

이 소스는 붉은 생선에 많이 이용한다. 일부 셰프들은 고기요리에 응용하기도 한다. 레드와인을 졸여 알코올을 제거하고 만들어야 레드와인의 맛을 제대로 재현해 낼 수 있다.

화이트 버터소스(White Butter Sauce)

1 버터를 이용하여 모체 화이트 버터소스를 만들 수 있다.
2 화이트 버터소스를 이용하여 다양한 파생 화이트 버터소스 개발이 가능하다.

모체소스

화이트 버터소스(White Butter Sauce)

재료 및 분량(산출량 200ml)

화이트와인(White wine)___80ml
식초(Vinegar)________30ml
다진 양파(Crushed onion)___약간
파슬리 줄기(Parsley stem)__15g
무염버터(Butter)_____200g
월계수잎(Bay leaf)______1leaf
소금(Salt)·**후추**(Pepper)_약간씩

조리도구

믹싱 볼, 나무주걱
면포, 냄비

1. 재료를 넣고 졸인다.
2. 버터를 넣고 거품기로 젓는다.
3. 양념한다.
4. 체에 거른다.
5. 마지막 간하여 마무리한다.

만드는 법

1 냄비에 화이트와인, 후추, 다진 양파, 파슬리, 월계수잎을 넣고 2/3 정도로 졸인다.
2 불을 약불로 하고 차가운 덩어리버터를 조금씩 첨가하면서 녹인다.
3 소금을 넣어 간을 맞춘다.
4 고운 면포로 걸러서 사용한다.

평가기준

- 소스의 농도, 향, 맛
- 버터의 분리 유무

- 버터 몽테 후에는 불에서 끓이지 않아야 좋은 소스라고 할 수 있다.
- 버터가 차면 소스에 녹기 어려워 소스 온도가 낮아져 맛이 떨어지고 버터가 녹았으면 버터가 분리되어 소스 맛을 버리게 된다.
- 버터는 무염버터를 사용해야 한다.
- 생크림을 와인 졸일 때 첨가하면 분리되지 않는다.
- 양송이를 넣어도 맛이 좋아진다.

브르타뉴 소스(Bretonne Sauce)

이 소스는 화이트 버터소스에 아메리칸 소스를 섞은 것이다. 이 계통 소스는 생선에 많이 사용되며 만들기 쉽고 보관이 쉬워 셰프들이 선호한다.
이 소스와 비슷한 소스는 다음과 같다
Green Butter Sauce : White Butter Sauce + 아스파라거스 퓌레 또는 파슬리

베르시 소스(Bercy Sauce)

베르시는 파리 근처에 있는 도시로 포도주가 모이는 집산지로 유명하다. 이 지역 레스토랑에는 포도주를 이용한 소스가 많은 것으로 유명하다. 대부분 마늘, 양파, 후추 등을 포도주와 같이 졸인 후에 버터를 넣어 만든 버터 소스이다.
베르시 소스는 그 지역을 대표하는 유명한 생선소스이다.
화이트 버터소스 + 파슬리 + 양파 + 후추

레드와인 버터소스(Red Wine Butter Sauce)

이 소스는 화이트와인 대신 레드와인을 넣는 것이 특징이다. 레드와인은 단맛이 나는 Port wine을 많이 사용하는데 요즘은 일반 레드와인에 설탕을 넣고 졸여서 Port wine 대신 사용하기도 한다.
와인을 2/3 정도 졸이면 맛과 향이 우수한 소스가 된다. 이 소스는 주로 흰살생선 요리에 많이 사용된다.

샴페인 소스(Champagne Sauce)

이 소스는 포도주를 샴페인으로 대체한 고급소스이다. 샴페인만 사용하면 샴페인이 발포주여서 맛이 안 좋아진다. 그래서 포도주 식초를 같이 섞어 사용한다.
이 소스는 생선, 채소 요리와 더운 전채요리에 많이 사용한다. 일부 소스 셰프들은 무염버터를 이용하여 소스를 만든다. 필자도 가염보다는 무염을 선호한다.

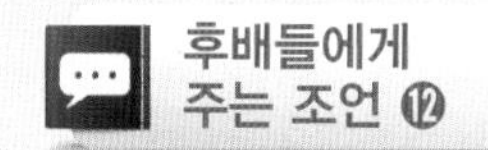

셰프는 세월이 아니고 방향이 중요하다

필자는 25세에 요리를 시작하였다. 남보다 늦게 시작하여 서러움도 많이 받으며 요리를 배웠다. 지금 요리를 처음 배우는 사람들은 이전보다 여건이 좋아져 본인만 목표를 확고히 하여 열심히 한다면 성공할 것으로 확신한다.

처음 주방에 갔을 때, 워커힐호텔에서 조리이사를 역임하신 김방원 주방장 밑에서 일을 배웠다. 칼 가는 것, 주방청소, 그릇 닦기 등, 나름대로 열심히 했다. 하지만 선배님의 지적엔 한없이 서럽기도 했다. 일이 끝난 후엔 바로 집에 가지 않고 저녁마다 칼을 갈았다. 그 후 어느 정도 인정받았던 것 같다.

요즘도 나는 집에 칼이 잘 안 들어도 그때 생각이 나서 집사람에게 적당히 갈아서 쓰라고 한다. 일을 할 때의 어려움은 하나의 과정이기 때문에 잘 적응해 나가야 성공할 수 있다. 지금 생각하니 그 당시 어렵게만 배운 요리가 지금의 나를 있게 했다고 생각한다.

요즘 조리사들은 조리의 기본기에 대하여 소홀히 하는 것 같아 아쉽다. 다양한 교육기관에서 기본기를 가르치다 보니 기본기를 중요하게 생각하지 않는 교육자들이 많다. 배우려는 사람들이 배우려는 의욕이 적어서 그런지는 몰라도 칼 다루는 기술, 주방위생, 조리사의 마음가짐, 안전, 양파 다듬기, 오븐청소, 식재료 정리 정돈, 선배들에 대한 존경심 등을 일하면서 몸으로 습득해야 하는데 예전과 달라서 후배들에게 무어라 조언을 해야 할지 모르겠다.

나는 위에서도 표현했지만 뚜렷한 목표를 세우고 막내 일을 해보니 힘들어도 이것이 과정이라는 생각을 하면서 일했다.

요즘 유행하는 아프니까 청춘이라고 하는데 아픈 것은 인생 모두에 속한다. 주방에서 일할 때 필자 역시 이 일이 왜 이렇게 어렵냐고 선배님에게 물으니 선배는 한자로 '생(生)' 자를 쓰면서 '소가 외나무다리를 걷는 것이 인생'이라 말해서, 그 이야기를 듣고는 한참을 생각한 적이 있었다.

King Prawn and Ratatouille with Watercress and Butter Sauce

버터소스로 맛을 낸 왕새우구이
(King Prawn and Ratatouille with Watercress and Butter Sauce)

재료 및 분량(4인분)

왕새우(King Prawn) ____ 12ea
버터(Butter) ________ 80g
양파(Onion) ________100g
긴호박(Long pumpkin)_____80g
가지(Eggplant) ________ 80g
감자(Potato) __________80g
청피망(Green bell pepper)·
적피망(Red bell pepper)__60g씩
물냉이(Watercress) ______4ea
버터소스(Butter sauce)_200ml
소금(Salt)·**후추**(Pepper)__약간씩

〈화이트 버터소스 White butter sauce**〉**
화이트와인(White wine)_180ml
식초(Vinegar)________100ml
다진 양파(Crushed onion)__약간
파슬리 줄기(Parsley stem) _30g
버터(Butter)_________250g
월계수잎(Bay leaf)_____1leaf
소금(Salt)·**후추**(Pepper)__약간씩

- 갑각류 종류를 다양하게 이용하는 연구 필요
- 응용소스로 마무리 연습 필요
- 가니시는 3가지 이상의 조리법을 사용해야 우수한 작품이 된다.

만드는 법

1 왕새우는 끓는 소금물에 살짝 데친 후 배를 갈라서 편다.
2 손질한 왕새우를 그릴에서 버터로 색이 나게 굽는다.
3 채소는 주사위 모양으로 썬 다음, 데쳐서 올리브오일에 볶는다.
4 토마토는 빨리 물러지므로 제일 나중에 첨가한다.
5 화이트 버터소스를 만들어 준비한다.
6 채소를 바닥에 깔고 새우를 가지런히 올리고 물냉이로 장식한다.
7 버터소스를 새우 위에 뿌린다.
8 응용 버터소스를 만들어 요리에 곁들인다.

요리 실습 전에 화이트 버터소스를 만든다.
준비한 화이트 버터소스에 추가로 재료를 넣어 파생 화이트 버터소스를 만들어 요리에 곁들인다.

평가기준

- 새우 손질하는 과정 평가
- 소스의 농도, 색, 향, 염도
- 채소 규격대로 썰기
- 새우, 채소 익히기 정도

Sauteed Sea Scallops with Butter Sauce Parisienne

파리스타일 채소요리와 관자살구이 버터소스
(Sauteed Sea Scallops with Butter Sauce Parisienne)

재료 및 분량(4인분)

관자(Sea scallops)_____ 120g
살코기(Sole fillet)_____ 280g
크림(Cream)_________30ml
감자(Potato)_________400g
달걀(Egg)___________ 90g
무순(Radish sprouts)______20g
토마토(Tomato)_______100g
레몬(Lemon)__________ 2ea
소금(Salt)·**후추**(Pepper)_약간씩
가니시용 붉은 고추
(Garnish red chili)__________ 4ea
발사믹 졸인 것
(Boil doun balsamic) ________10ml
파슬리(a Parsley) ________5g
특수향신료(Specialspice)___10g

- 생선 종류를 다양하게 이용하는 연구 필요
- 응용소스로 마무리 연습 필요
- 가니시는 다양한 조리법을 구사해야 한다.

만드는 법

1 관자살 무스를 준비된 3장의 박대살에 발라 동그랗게 말아 준비한다.
2 준비된 관자살 무스를 은근히 끓는 물에 중탕하여 10~20분 정도 익힌다.
3 감자는 Parisienne으로 만들어 삶아 준비한다.
4 냄비에 양파 다진 것과 화이트와인을 넣고 후추, 양파, 파슬리, 월계수잎을 넣는다.
5 약한 불에서 2/3 정도 끓여 졸인 뒤 레몬주스 1/2ts을 넣는다.
6 끓으면 소금 · 후추하여 약한 불에서 끓인다.
7 약한 불의 상태에서 버터를 조금씩 첨가하면서 녹이고, 농도를 맞추며 불을 끈다.
8 소금과 레몬주스를 넣어 간을 하고 고운체로 걸러서 사용한다.
9 빨간 고추 썬 것을 맑은 기름 170℃에서 5초 정도만 튀겨 빨간 색깔이 선명하게 되도록 튀긴다.
10 팬에 약간의 버터를 두르고 감자에 소금 · 후추하여 살짝 굴려 윤기있게 볶는다.
11 Steamed한 관자살은 접시 가운데 3개 놓고 사이사이에 감자를 놓는다.
12 토마토 콩카세를 놓고 무순의 잎부분을 올려준다.
13 박대살 가운데 위에 빨간 고추 튀긴 것을 놓고 발사믹 소스로 시각적인 맛을 준다.
14 레몬 버터소스를 뿌려 마무리한다.

요리 실습 전에 화이트 버터소스를 만든다.
준비한 화이트 버터소스에 추가로 재료를 넣어 파생 화이트 버터소스를 만들어 요리에 곁들인다.

평가기준

- 생선 손질하는 과정 평가
- 소스의 농도, 색, 향, 염도
- 생선 익히기 정도

10 Basic 갈색 육수소스

갈색 육수소스의 모체는 데미글라스라고 한다. 일본의 오쿠라호텔은 퐁드보리에(Fond de Veau Lie)를 모체라 하고 프랑스는 데미글라스 또는 에스파뇰을 모체라고 한다.

데미글라스 소스(Demi-glace Sauce)는 서양요리에서 갈색 기초소스로 알려져 있다. 일부 호텔은 퐁드보리에를 기초소스로 사용하는 곳이 있는데 주방 책임자의 취향에 따라 변한다. 하지만 모체소스는 재료, 맛, 색, 향기, 농도가 중요하므로 처음 기초육수를 만들 때 주의해야 좋은 모체소스를 만들 수 있고 이 모체소스를 기초로 해야 파생소스도 좋아진다.

브라운 그레이비 소스(Brown Gravy Sauce)는 서양요리에서 에스파뇰, 데미글라스 소스로 알려져 있다. 하지만 기본소스는 재료, 맛, 색, 향기, 농도가 중요하므로 처음 기초육수를 만들 때 잘 만들어야 우수한 기본소스를 만들 수 있고, 이것을 바탕으로 좋은 응용소스를 만들 수 있다. 기능사 시험에 나오는 비프 그레이비 소스는 요즘은 데미글라스 소스라고 말한다. 과거에는 비프 그레이비 소스를 도비소스라고도 했다. 이 용어는 일본식 발음이다. 오늘날에는 브라운 소스나 스톡을 기본으로 한 쥐드보리에(Jus de Veau Lie), 팬소스(Pan Sauce) 또는 졸인 형태의 소스라고 할 수 있다.

모체소스	파생소스	응용요리
데미글라스 소스 (Demi-glace Sauce)	• 리오네즈 소스(Lyonnaise Sauce) • 양송이 소스(Button Mushroom Sauce) • 비가라드 소스(Bigarade Sauce) • 베르시 소스(Bercy Sauce) • 샤토브리앙 소스(Chateaubriand Sauce) • 부르기뇽 소스(Bourguignon Sauce) • 마데이라 소스(Madeira Sauce)	• 통후추 소스를 곁들인 최상급 등심 스테이크(Roasted Sirloin Steak with Pepper Corn Sauce) • 니스식 안심 스테이크 (Beef Tournedos Saute a la Nicoise) • 이탈리안 안심 스테이크 (Italian Beef Tenderloin Steak with Demi-glace Sauce) • 허브와 치즈로 만든 크럼블을 곁들여 구운 양갈비(Oven Roast Lamb Rack with Herb and Cheese Crumble) • 향료에 절여 구운 오리다리와 가슴살요리 (Herb Marinated Duck Leg and Breast Bigarade Sauce)

갈색 육수소스 개요

갈색 육수소스는 뼈, 채소를 오븐에 넣고 색을 내어 갈색 육수를 만든 다음 여러 가지 재료를 첨가하여 만든다.

옛날에는 고기즙을 뽑아 썼다고 해서 프랑스어로 'Jus'라고 했는데 고기를 굽고 그 위에 포도주와 육수를 넣어 끓인 다음 고운체에 걸러 사용했기 때문이다.

소스와 그레이비(Gravy)의 차이를 엄격히 말하면 그레이비는 소스가 아니다. 단지 고기를 굽거나 삶은 즙으로 건더기가 생기지 않도록 처리된 것일 뿐이다. 일부에서는 팬 그레이비 소스라고도 한다. 이 소스는 육류를 소금 · 후추로 간하여 팬에서 굽는다. 고기를 꺼내고 팬에 레드와인을 넣고 디글레이징(Deglazing)한 후에 밀가루나 루를 넣어서 맛을 내는 것을 말한다. 가정에서 간단하게 만드는 소스이다. 이 소스의 특징은 즉석에서 만들기 때문에 육류의 향이 소스에 많이 남는 것이다. 반면 소스는 음식이 손님에게 제공될 때 곁들여지는 것으로 약간 걸쭉하거나 어떤 종류의 리에종(Liaison)이 들어 있는 국물로 정의될 수 있는데 갈색 육수소스가 가지고 있는 독특한 향미는 향료의 성분과 식용식물, 채소 등이 배합되어 만들어진다. 갈색 육수소스는 너무 많이 저어 거품을 내서도 안 되며 거품이 나면 색이 곱지 못하므로 마지막 순간에 버터를 넣는 것이 맛과 농도에 이상적일 수도 있으나 소스 색깔을 감안하다 보면 농도가 약해질 우려가 있다. 농도가 진한 소스를 원하면 약간 더 졸이면 된다. 포도주는 좋은 것을 사용해야 하며 포도주를 기본 양목표보다 줄이면 소스의 맛이 없어지고 만다.

요즘은 주방장 취향에 따라 데미글라스를 모체로 하는 사람과 퐁드보(Fond de Veau)를 모체로 하는 사람이 있다. 근래에 소스를 가볍게 마무리하는 경향이 강조되면서 밀가루를 많이 사용하는 전통의 데미글라스보다는 진하게 졸인 퐁드보(Fond de Veau)를 많이 이용하는데 이러한 경향은 감촉이 부드럽고 맛있기 때문이기도 하다. 원래 데미글라스는 퐁드보를 6시간 정도 끓여 반 졸인 것이고 그것을 다시 4시간 정도 끓여 반 정도 졸인 것이 글라스 드 비앙드(Glace de Viande)인데 요즘은 글라스 드 비앙드를 끓여 기본 모체소스로 사용하는 곳도 있다.

원가 면에서 보면 어렵지만 모체소스에 첨가하여 많이 이용되기도 한다.

다른 종류의 글라스도 있는데 그중에서 많이 쓰는 것이 생선육수를 졸여 글라스 드 푸아송(Glace de Poisson)을 만들고, 닭육수를 졸여 글라스 드 푸알레(Glace de Poiler)를 만들어 사용하기도 한다. 또한 가금류를 갈색 소스에 포함시킬 수도 있는데 요즘은 어디에 어떤 소스를 어떻게 사용하는지는 주방장의 생각에 달려 있다고 해도 과언이 아니다.

갈색 소스의 기본은 데미글라스(Demi-glace), 에스파뇰(Espagnol)이었는데 근래에 와서 송아지 갈색 육수를 농축시켜 퐁드보(Fond de Veau)라고 하여 사용하는데 소스의 맛이 밀가루 첨가를 줄이므로 맛의 감촉이 부드럽고 농도가 전보다 묽어서 건강에 좋아 많은 요리사가 선호하고 있다.

모체소스는 일반적으로 많이 준비해서 같은 맛을 유지하는 것이 중요하다. 따라서 사용된 재료가 좋아야 거기서 나오는 소스가 완벽하다고 할 수 있다. 즉 좋은 기초가 좋은 소스가 되는 것은 당연하다. 그리고 퐁드보의 경우 송아지 정강이뼈에 채소와 잡고기를 넣어 최소한 6~8시간 천천히 끓여야 젤라틴이 스며나오고 고기에서는 구수한 맛이 우러나오며 향미채소와 향신료에서 좋은 소스가 만들어질 수 있다. 어떤 소스던지 다른 요리의 풍미를 손상시키는 일 없이 요리에 감칠맛과 향미를 더해주고 영양이 풍부해야 한다.

그러나 절약을 핑계 삼아 표준량 목표대로 사용하지 않으면 안 된다. 요리에 있어 가장 중요한 것은 기본 모체소스가 완벽해야 한다는 것이다.

이 소스는 양식에서 스테이크, 스튜 등 육류, 가금류 요리에 사용한다.

이외에도 좋은 소스를 만들려면 고객이 선호할 만한 염도와 당도를 정해서 쓰거나 있는 소스를 개발해야 한다. 소스 개발을 위해서는 신선한 식재료와 풍부한 향신료로 표준조리법에 따라 만들어야 한다. 또한 숙련된 경험과 상식을 바탕으로 개발해야 하고, 많은 노하우를 접목시켜야 한다.

브라운 그레이비 소스(Brown Gravy Sauce)는 서양요리에서 에스파뇰, 데미글라스 소스로 알려져 있다. 하지만 기본소스는 재료, 맛, 색, 향기, 농도가 중요하므로 처음 기초육수를 만들 때 잘 만들어야 우수한 기본소스를 만들 수 있고, 이것을 바탕으로 좋은 응용소스를 만들 수 있다. 기능사 시험에 나오는 비프 그레이비 소스는 요즘은 데미글라스 소스라고 말한다. 과거에는 비프 그레이비 소스를 도비소스라고도 했다. 이 용어는 일본식 발음이다. 오늘날에는 브라운 소스나 스톡을 기본으로 한 쥐드보리에(Jus de Veau Lie), 팬소스(Pan Sauce) 또는 졸인 형태의 소스라고 할 수 있다.

후추소스(Pepper Sauce)는 서양인들이 가장 선호하는 소스이다. 서양에서 특별히 정력에 좋은 소스로 알려져 있고, 육류에는 꼭 곁들이는 것으로 알려져 있다. 후추는 팬에 색을 노랗게 낸 다음 술로 맛을 첨가해야 매운맛이 적어지고 후추 특유의 맛과 데미글라스 맛이 조화를 이룬다.

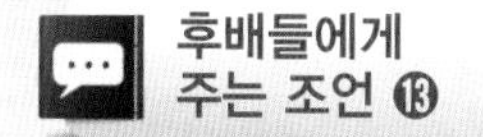

태양초 고춧가루를 고집하는 이유

조리사는 주관이 있어야 한다. 주관은 고집으로 이해할 수도 있다. 파리의 한림식당 이철종 사장이 식당을 개업한 것이 1981년 10월 17일이었는데 한 가지 고집하는 것이 있다.
한식당에서 많이 쓰는 고춧가루로 태양초를 사용하는 것이다. 고추를 직접 고르고 햇볕에 말린 고추만을 고춧가루로 만들어 사용하는 것을 고집한다. 한식에서 가장 중요한 재료를 개업 이래 꾸준히 사용해 왔다. 국내에서도 가짜 고춧가루를 사용하는 판에 프랑스에서 고춧가루를 한국에서 직접 갔다 쓰면서 음식을 만든다. 싼 고춧가루도 많다. 여기 와서 먹는 외국인들은 맛의 기준을 잘 모르기도 하지만 사장님의 고집스런 주관은 많은 조리사들이 기억해야 한다.
먹는 음식의 식재료 선택은 매우 중요하다. 음식을 잘하려면 식재료 선택이 제일 중요하다. 유명 셰프들과의 대화에서 보면 기능, 아이디어 등 보다 앞서 지켜야 할 것이 우수한 식재료를 사용하는 것이다. 어디에서 재배되었고, 어떤 상태로 재배되었는지, 유기농인지, 어떤 토질에서 자랐는지, 어떤 과정을 거쳐서 건조하였는지, 기계를 이용했는지, 햇볕에 말렸는지 살펴보아야 한다. 그리고 어떤 품종의 고추인지, 어떤 농민이 양심적으로 수확 · 건조하여 가루를 만들었는지, 정말 자식이 먹을 것을 염두에 두고 고춧가루를 만들었는지의 여부를 알아야 좋은 식재료다.
모든 식재료를 위와 같이 검색할 수는 없지만 셰프가 최고라고 생각한 식재료 정도는 고집스럽게 선택해야 한다. 요리에 쓸 때는 나름대로 주관(철학)이 있어야 좋은 셰프가 될 수 있다.
서울 롯데호텔 피에르 가르니에 음식을 먹어보면 식재료의 중요성을 새삼 느낀다. 신선한 최고급 재료를 고집해서 명성이 높기 때문이다. 장인다운 셰프가 되려면 학교 공부와 병행하여 도제수업을 받아야 한다. 독학으로 성공한 유명한 오너 셰프 중에는 간단하고 적당히 비즈니스하고, 매스컴 이용하고, 자기 홍보를 위해 돈을 쓰는 셰프가 있다. 이런 셰프들을 보면 안타깝다는 생각이 든다.
좀 더 단단한 기초를 가지고 고객에게 다가서야 시간이 갈수록 인기도 얻고 제자나 후배들에게 존경받는 선배 조리사가 될 것이다. 기초가 단단하지 않고, 자기 철학이 없으면 응용능력이 부족하여 수명이 짧아진다. 일을 배우는 셰프들은 선배님들의 우수한 점을 본받아 자기 나름대로 자기 것을 찾아야 한다.
파리 한림식당 이철종 선생님은 또 한 가지 철학이 있다. 씨앗 뿌리는 마음을 가지고 식당을 경영한다. 나 역시 이분의 도움으로 파리의 르 꼬르동 블루를 졸업했다.

데미글라스 소스(Demi-glace Sauce)

실습 목표

1 갈색 소스 만드는 방법을 알 수 있다.
2 갈색 소스를 이용한 다양한 파생소스 만드는 능력을 키울 수 있다.
3 채소와 고기를 팬에 볶아서 갈색 육수를 만들 수 있다.

데미글라스 소스(Demi-glace Sauce)

재료 및 분량(산출량 400ml)

셀러리(Celery) 20g
양파(Onion) 30g
당근(Carrot) 40g
밀가루(Flour) 10g
버터(Butter) 20g
브라운 스톡(Brown stock) 600ml
토마토 페이스트(Tomato paste) 50g
월계수잎(Bay leaf) 1leaf
정향(Clove) 1ea
소금(Salt)·**검은 후추**(Black pepper) 약간
마늘(Garlic) 5g
식용유(Cooking oil) 30ml

조리도구

도마, 칼, 저울, 계량컵
소스 팬, 냄비, 거즈
믹싱 볼, 나무젓가락, 체
소스 볼(Sauce bowl)

소스전문가 Tip

1. 냄비에 향미채소를 볶는다.
2. 색이 나면 토마토 페이스트를 넣고 볶는다.
3. 준비한 갈색 육수를 첨가한다.
4. 2시간 반 동안 끓인다.
5. 향신료를 첨가한다(마무리 전 30분).
6. 루를 넣어 끓인다.
7. 30분 더 끓인 후 마무리 한다.
8. 체에 걸러 사용한다.

만드는 법

전처리 준비과정

- 양파, 당근, 셀러리를 주사위 모양으로 썬다.
- 갈색 육수는 채소와 고기, 뼈를 구운 다음 장시간 끓여서 만든다. (갈색 육수의 질에 따라 소스 질이 좌우된다.)

1 양파, 당근, 셀러리를 큼직하게 썬다.
2 팬에 버터, 기름을 두르고 양파, 마늘을 볶다가 나머지 채소를 볶는다.
3 볶은 채소에 토마토 페이스트를 넣고 오랫동안 볶는다.
4 여기에 육수를 넉넉히 붓고 월계수와 정향을 넣는다.
5 버터와 밀가루를 1:1로 볶아서 브라운 루를 만든다.
6 끓는 육수를 조금 덜어서 루와 섞어 풀어준 후 다시 소스에 넣어서 소스의 농도를 맞춘다.
7 채소가 흐물흐물해질 때까지 뭉근하게 끓여준다.
8 소스가 완성되면 체로 거른 후 소금, 후추로 간을 하고 한 번 더 농도를 맞춘다.
9 완성된 소스는 그릇에 담는다.

평가기준

- 채소 썰기와 볶기 기술이 중요하다.
- 갈색 루(Roux)를 만들 줄 알아야 한다.
- 갈색 육수 제조방법을 알아야 한다.

리오네즈 소스(Lyonnaise Sauce)

이 소스는 리옹 스타일 소스로 양파를 많이 넣어 만든다. 마늘과 양파를 썰어 냄비에 넣고 버터로 볶다가 백포도주를 넣은 후 양을 절반 정도로 졸인다. 졸인 양파에 데미글라스를 넣어 완성한다. 소시지요리에 많이 사용된다.

데미글라스 + 화이트와인 + 양파

양송이 소스(Button Mushroom Sauce)

양송이를 썰어 다진 양파와 버터에 볶은 후 데미글라스 소스를 넣어 완성시킨다. 추가로 다진 토마토와 타라곤, 파슬리를 넣어 만든다. 화이트와인을 넣는 셰프도 있다. 주로 육류요리에 사용된다.

데미글라스 + 양파 + 후추 + 파슬리 + 양송이 + 토마토 + 타라곤

비가라드 소스(Bigarade Sauce)

이 소스는 새콤달콤한 맛을 내는 독특한 소스이다. 만들 때 설탕을 냄비에 넣어 녹인다. 갈색이 나게 한 뒤 포도주, 식초를 넣어 농도가 나면 데미글라스 소스를 첨가한다. 추가로 오렌지주스와 오렌지 껍질을 썰어 넣고 마무리한다. 오리고기에 많이 사용된다.

가금류에는 단 소스를 사용한다는 사실을 숙지한다.

데미글라스 + 오렌지주스 + 설탕 + 오렌지 껍질 + 코냑

베르시 소스(Bercy Sauce)

이 소스는 양파를 다진 후 버터로 색을 낸다. 그리고 화이트와인을 넣어 졸인 후 데미글라스를 넣어 만든다.

마지막에 레몬주스를 넣어 맛을 상큼하게 하는 셰프도 있다. 이 소스는 송아지고기나 생선요리에 많이 쓰인다.

데미글라스 + 화이트와인 + 레몬주스 + 파슬리 + 양파

샤토브리앙 소스(Chateaubriand Sauce)

이 소스는 데미글라스 소스에 타라곤, 파슬리, 버섯을 다져서 첨가한 소스이다. 추가로 화이트와인과 마데이라 와인을 1/2로 졸여 넣어 포도주 고유의 맛을 고객에게 제공하는 셰프도 있다.
타라곤은 화이트와인에 담가 불려서 사용한다. 이 소스는 주로 고기요리에 많이 사용하는 프랑스 전통소스로 알려져 있다.

데미글라스 + 화이트와인 + 마데이라 와인 + 타라곤 + 버섯

부르기뇽 소스(Bourguignon Sauce)

이 소스는 프랑스의 레드와인으로 만든 것으로 육류에 많이 사용한다. 이 소스는 데미글라스에 레드와인을 졸여서 사용하는데 다진 양파와 파슬리, 타라곤을 첨가한다.
보통 200ml 데미글라스에 레드와인 100ml를 반으로 졸여서 넣는다.
매운맛을 내기 위해 서양 고춧가루인 Cayenne pepper를 넣는 셰프도 있다.

데미글라스 + 레드와인 + 양송이 + 양파 + 타임(백리향)

마데이라 소스(Madeira Sauce)

이 소스는 데미글라스에 마데이라 와인을 넣어 만든 것이며 마데이라 와인은 포르투갈에서 생산된다. 포도주는 소스를 만들 때 1/10을 졸여야 제맛이 난다. 현장에서는 1/3 정도 졸여서 사용한다.
냄비에 마데이라 와인을 100ml 넣고 1/3 정도 졸인 뒤 데미글라스를 200ml 넣어서 소스를 마무리한다. 추가로 토마토, 버섯을 다져서 넣는 셰프도 있다.

Roasted Sirloin Steak with Pepper Corn Sauce

통후추 소스를 곁들인 최상급 등심 스테이크
(Roasted Sirloin Steak with Pepper Corn Sauce)

재료 및 분량(4인분)

등심(Sirloin) 800g
로즈메리(Rosemary) 4ea
으깬 감자(Mashed potato) 320g
당근(Carrot) 120g
호박(Pumpkin) 150g
느타리버섯(Oyster mushroom) 120g
아스파라거스(Asparagus) 4ea
생크림(Fresh cream) 100ml
데미글라스(Demi-glace) 300ml
양송이버섯(Button mushroom) 100g
흰 통후추 와인에 불린 것(White pepper corn in wine) 100g
버터(Butter) 120g
양파(Onion) 60g
소금(Salt)·**후추**(Pepper) 약간씩

〈스틱Stick〉

춘권피(Chinese spring rolls) 1장
달걀(Egg) 1/2ea
파슬리(Parsley) 2.5g
깨(Sesame) 5g
파프리카파우더(Paprika powder) (고운 고춧가루 Fine red pepper powder) 5g

〈매시트 포테이토 Mashed potato〉

감자(Potato) 300g
크림(Cream) 20ml
우유(Milk) 60ml
버터(Butter) 15g
너트메그(Nutmeg) 3g

- 태우는 것에 유의한다.
- 채소의 형태대로 굽는다.
- 요리작품 만드는 작업순서는 과학적이고 합리적이며, 적정한 기구를 사용해야 한다.
- 전작업을 위생적으로 하며, 정리정돈을 한다.
- 쓸 만한 남은 재료 등은 버리지 않는다.

만드는 법

1 당근은 꼬마당근 모양, 호박은 어슷썰어 그릴자국, 아스파라거스는 껍질 제거 후 데쳐 사용하고, 느타리는 삶아서 사용, 양송이는 0.5cm 두께로 슬라이스한다.
2 ①의 모든 채소는 팬에 볶다가 소금, 후추한다.
3 페퍼소스는 팬에 버터, 양파 촙, 양송이 슬라이스, 통후추를 넣고 볶는다.
4 생크림, 데미글라스 소스를 끓여 사용한다.
5 등심은 그릴에 색을 내고 오븐에서 잘 구워낸다.
6 로즈메리와 춘권스틱으로 마무리한다.

〈스틱 만들기〉

1 춘권피를 깔고 남은 재료를 모두 섞어서 붓으로 춘권피에 말아서 반을 접는다.
2 길게 잘라서 오븐에 구워낸다.

〈매시트 포테이토 만들기〉

1 감자를 잘 씻어 껍질째 소금물로 삶아낸다.
2 고운체에 내린다.
3 냄비에서 약간의 크림이 되면 우유를 추가한다.
4 버터, 너트메그, 소금, 후추로 간을 한 후 타이핑백에 담아 사용한다.

요리 실습 전에 데미글라스 소스를 만든다.
준비한 데미그라스에 추가로 재료를 넣어 파생 데미글라스 소스를 만들어 요리에 곁들인다.

평가기준

- 등심을 너무 익히지 않기
- 소스는 부드럽고, 입자를 곱게 만들기

Beef Tournedos Saute a la Nicoise

니스식 안심 스테이크
(Beef Tournedos Saute a la Nicoise)

재료 및 분량(4인분)

소고기 안심(Beef tenderloin) 800g
정제버터(Clarified butter) 30g
마늘(Garlic) 4pc
아스파라거스(Asparagus) 8pc
감자(Potato) 2pc
당근(Carrot) 1pc
처빌(Chervil) 1pc
타임(Thyme) 1pc
소금(Salt)·후추(Pepper) 약간씩
토마토 콩카세(Tomato Concasser) 100g
데미글라스(Demi-glace) 120ml
올리브(Olive) 8pc
올리브오일(Olive oil) 30ml
화이트와인(White wine) 30ml

소스전문가 Tip

- 안심의 모양을 둥굴게 하기 위해서 가장자리를 실로 묶는다.
- 채소의 형태대로 굽는다.
- 요리작품 만드는 작업순서는 과학적이고 합리적이며, 적정한 기구를 사용해야 한다.
- 전 작업을 위생적으로 하며, 정리정돈을 한다.

만드는 법

1 아스파라거스는 껍질을 깐 뒤 소금 넣은 끓는 물에 데쳐낸다.
2 감자는 샤토 모양으로 썰어 삶고 당근은 채썰어 160℃의 기름에 튀겨낸다.
3 소고기 안심의 양쪽에 소금 · 후추를 뿌리고 정제버터를 두른 팬에 노릇노릇하게 굽는다.
4 마늘 슬라이스를 올리브오일에 볶다가 화이트와인을 넣고 알코올을 날린다.
5 다진 토마토와 데미글라스를 넣고 끓이다 올리브 슬라이스를 넣고 한번 더 끓인 후 소스를 완성한다.
6 먼저 접시에 아스파라거스와 감자를 놓고 그 위에 구운 안심 스테이크를 걸쳐 넣고 밑부분에 소스를 뿌린다.
7 스테이크 위에 튀긴 당근과 처빌 및 타임으로 장식한다.
8 응용소스로 올리브 소스를 만든다.

요리 실습 전에 데미글라스 소스를 만든다.
준비한 데미글라스에 추가로 재료를 넣어 파생 데미글라스 소스를 만들어 요리에 곁들인다.

평가기준

- 안심 익히기
- 채소 다듬기
- 소스의 색, 맛, 농도, 향

Italian Beef Tenderloin Steak with Demi-glace Sauce

이탈리안 안심 스테이크
(Italian Beef Tenderloin Steak with Demi-glace Sauce)

재료 및 분량(4인분)

소고기 안심(Beef tenderloin)___640g
검은 후추(Black pepper)___12g
버터(Butter)___40g
브로콜리(Broccoli)___100g
당근(Carrot)___120g
매시트 포테이토(Mashed potato)___240g
감자(Potato)___200g
영 콘(Young corn)___4ea
바질(Basil)___8leaves
노란 파프리카(Yellow paprika)___30g
빨간 파프리카(Red paprika)___30g
소금(Salt)·후추(Pepper)___약간씩

〈스틱Stick〉
춘권피(Chinese spring rolls)___1sheet
달걀(Egg)___1/2ea
파슬리(Parsley)___1/2Tsp
깨(Sesame)___1Tsp
파프리카파우더(Paprika powder)___1/2Tsp
데미글라스 소스(Demi-glace sauce)___120g

만드는 법

1 소고기 안심은 80g씩 동그랗게 잘라 소금, 후추를 약간 뿌린다.
2 200℃ 팬에서 앞뒤 색깔내어 240℃ 오븐에서 구워낸다.
3 감자는 돌려깎기하여 기름에 튀기고 브로콜리는 적당한 크기로, 당근은 샤토로 깎아 소금물에 데친다.
4 감자는 매시트하여 곁들인다.
5 당근, 브로콜리, 영 콘은 버터 Saute 후 소금, 후추로 간한다.
6 접시에 고기와 채소를 올리고 데미글라스 소스를 곁들이고 춘권스틱 및 피망채, 버섯으로 마무리한다.
7 응용소스를 만들어 제공한다.

〈스틱 만들기〉

1 춘권피를 깐다.
2 나머지는 다 섞어서 춘권피에 발라서 반을 접는다.
3 길게 잘라서 오븐에 구워낸다.

요리 실습 전에 데미글라스 소스를 만든다.
준비한 데미글라스에 추가로 재료를 넣어 파생 데미글라스 소스를 만들어 요리에 곁들인다.

- 태우는 것에 유의한다.
- 채소의 형태대로 굽는다.
- 전 작업을 위생적으로 하며, 정리정돈을 한다.
- 쓸 만한 남은 재료 등을 버리지 않는다.

평가기준

- 안심 익히기
- 채소 다듬기
- 소스의 색, 맛, 농도, 향

Oven Roast Lamb Rack with Herb and Cheese Crumble

허브와 치즈로 만든 크럼블을 곁들여 구운 양갈비
(Oven Roast Lamb Rack with Herb and Cheese Crumble)

재료 및 분량(4인분)

양갈비(Lamb Rock) 800g
에멘탈 치즈(Cheese emmental) 100g
빵가루(Bread Crumbs) 200g
버터(Butter) 80g
파슬리(Parsley) 10g
로즈메리(Rosemary) 10g
타임(Thyme) 10g
겨자(Mustard) 10g
아스파라거스(Asparagus) 8ea
엔다이브(Endive) 3ea
마늘(Garlic) 1ea
돼지호박(Zucchini) 1ea
감자(Potato) 1ea
당근(Carrot) 1ea
가지(Eggplant) 1ea
셀러리(Celery) 1ea
바질(Basil) 5g
파랑·빨강·노랑 피망
(Green·Red·Yellow bell pepper) 각 1ea
올리브오일(Olive oil) 30ml
레드와인소스(Redwine sauce) 100ml
소금(Salt)·**후추**(Pepper) 약간씩

〈레드와인 소스 Red wine sauce**〉**
다진 양파(Crushed onion) 1/2ea
버터(Butter) 5g
레드와인(Red wine) 1/3ts
월계수잎(Bay leaf) 1leaf
데미글라스(Demi-glace) 100ml

소스전문가 Tip

- 태우는 것에 유의한다.
- 채소의 형태대로 굽는다.
- 요리작품 만드는 작업순서는 과학적이고 합리적이며, 적정한 기구를 사용해야 한다.
- 전 작업을 위생적으로 하며, 정리정돈을 한다.
- 쓸 만한 남은 재료 등을 버리지 않는다.

만드는 법

1 양갈비를 통째로 손질하여 소금, 후추로 양념하여 소테 팬에 등 쪽을 구워 겨자를 바른다.
2 겨자를 바르고 치즈를 곁들인 허브 크럼블을 양갈비 등쪽에 올려준다.
3 200℃ 오븐에서 밝은 갈색이 나도록 굽기를 한다. (고기의 굽는 정도의 조절은 팬 프라이할 때 30% 정도 조정할 수 있으나, 오븐에서 구울 때 크럼블의 색조정에 따라 오일을 씌워 고기의 굽기를 조정할 수 있다.)
4 엔다이브를 1/4로 잘라서 올리브오일을 바르고 소금, 후추하여 오븐에서 굽는다.
5 채소 깎은 것(Mini Chateau)을 삶아서 올리브오일에 볶는다.
6 데친 아스파라거스를 세로로 반으로 잘라 손가락 두 마디 크기로 하여 올리브오일에 소금, 후추로 간하여 살짝 볶는다. (시금치, 버섯 종류 등 다른 채소 대용으로 사용)
7 접시 중앙에 엔다이브로 구운 것을 놓고 그 가운데 위에 채소 볶은 것을 얹는다.
8 양고기 색깔을 내어 구운 것을 3쪽으로 잘라 엔다이브 사이에 올려준다.
9 채소 볶은 것은 엔다이브 끝에 예쁘게 놓아준다.
10 로즈메리와 타임 튀긴 것을 양고기 위에 꽂아준다.
11 레드와인 소스와 바질 페스토를 뿌려 마무리한다.

〈허브 크럼블 만들기〉
1 식빵을 갈아 빵가루를 준비하고 허브와 치즈를 곱게 간다.
2 버터와 함께 믹서기에 살짝 돌려 섞어서 준비한다.

요리 실습 전에 데미글라스 소스를 만든다.
준비한 데미글라스에 추가로 재료를 넣어 파생 데미글라스 소스를 만들어 요리에 곁들인다.

평가기준

- 양고기 익히기
- 소스의 향, 맛, 색, 농도
- 채소를 굽기

Herb Marinated Duck Leg and Breast Bigarade Sauce

향료에 절여 구운 오리다리와 가슴살요리 (Herb Marinated Duck Leg and Breast Bigarade Sauce)

재료 및 분량(4인분)

오리다리(Duck leg) 4ea
오리가슴살(Duck Breast) 4ea
데미글라스 소스(Demi-glace sauce) 200ml
오렌지(Orange) 1ea
당근(Carrot) 120g
호박(Pumpkin) 120g
가지(Eggplant) 80g
버터(Butter) 40g
바질(Basil) 4줄기
소금(Salt)·**후추**(Pepper)·
쿠킹호일(Cooking foil) 약간씩

〈오리 절이기 Salted Duck**〉**

정종(Refined rice wine) 300ml
다진 마늘(Crushed garlic) 20g
월계수잎(Bay leaf) 3leaves
타임(Thyme) 3g
식용유(옥수수유)
Cooking oil(corn oil) 130ml

소스전문가 Tip

- 태우는 것에 유의한다.
- 채소의 형태대로 굽는다.
- 요리작품 만드는 작업순서는 과학적이고 합리적이며, 적정한 기구를 사용해야 한다.
- 전 작업을 위생적으로 하며, 정리정돈을 한다.
- 쓸 만한 남은 재료 등을 버리지 않는다.

만드는 법

1 오리다리는 칼집을 넣고 오리가슴살은 손질하여 마리네이드해 둔다.
2 마늘은 춉해 둔다.
3 호박, 당근은 석쇠에 굽고 가지는 다른 채소보다 두껍게 썰어 석쇠에 구운 뒤 소금, 후추로 간해 오일을 조금 뿌려 오븐에서 살짝 구워낸다.
4 절여진 오리가슴살과 다리는 타월로 물기를 제거하고 오일을 발라 오븐에서 완전하게 익을 때까지 중간중간 오일을 발라가면서 껍질이 바삭하고 진한 갈색이 날 수 있도록 굽는다.
5 아스파라거스는 끓는 물에 소금을 조금 넣고 살짝 데쳐서 얼음물에 씻는다.
6 데미글라스 소스에 오렌지 껍질과 오렌지 썬 것을 함께 넣고 버터 몬테해서 소스를 완성시켜 놓는다.
7 따뜻한 접시에 그릴드한 당근, 호박, 가지를 놓고 오리가슴살을 얇게 슬라이스해서 채소 주위로 돌려 담는다.
8 가장자리에 오리다리를 놓고 아스파라거스는 버터에 살짝 볶아 곁들인 후 바질과 쿠킹호일로 만든 왕관을 다리에 돌려 담는다.
9 소스를 뿌려서 완성한다. (그 외에 가지, 호박과 노란 피망 및 빨간 피망을 곁들여 가니시로 사용한다.)

요리 실습 전에 데미글라스 소스를 만든다.
준비한 데미글라스에 추가로 재료를 넣어 파생 데미글라스 소스를 만들어 요리에 곁들인다.

평가기준

- 오리를 절인 후 껍질을 바삭하게 익히기
- 채소를 굽기
- 오리를 구울 때 오일을 껍질에 뿌리면서 구워 바삭하게 만들기

11 Basic 설탕소스

설탕소스에는 2가지의 모체소스가 있다. 파생소스로는 앙글레즈 소스와 사바용 소스 등이 있다.

바닐라 소스(Vanilla Sauce)는 모든 후식 소스에 쓰인다고 해도 무방할 정도로 많이 쓰이고 있다. 특히 아이스크림 계열의 디저트에는 거의 다 사용된다고 보면 된다. 만드는 법은 간단하지만 모체소스인 관계로 당도의 맛이나 농도에 신경 써야 후식이 돋보인다.

앙글레즈 소스(Anglaise Sauce)는 바닐라 소스와 만드는 법이 비슷한데 노른자가 익으면 안 되니 조심해야 한다. 만약 노른자가 익었으면 소창에 걸러서 사용해야 한다. 특히 이 소스는 향이 중요한 만큼 과일 향이 들어 있는 리큐어의 첨가에 따라 맛이 좌우된다. 이 소스는 영국식 소스라고도 하고 미국에서는 커스터드 소스라고도 한다.

모체소스
파생소스
응용요리
바닐라 소스
(Vanilla Sauce)
• 앙글레즈 소스(Anglaise Sauce)
• 사바용 소스(Sabayon Sauce)
• 바닐라 소스를 곁들인 아몬드 푸딩
(Almond Pudding with Vanilla
Sauce)
• 바닐라 소스를 곁들인 오렌지 수플레
(Orange Souffle with Vanilla
Sauce)

바닐라 소스(Vanilla Sauce) 개요

일반적으로 식후에 제공되는 단맛이 있는 음식을 통틀어 디저트라 한다. 디저트는 요리의 진가를 음미하기 위해 식사의 맨 마지막에 내주는 것으로, 절정을 이루었던 식사의 여운을 감미롭게 한다.

디저트에는 과일, 과자, 치즈 등이 주로 이용된다. 그날의 식사에 대한 즐거움과 전체 식사 중 중요한 포인트 역할을 하는 후식에는 단맛을 내는 과자(앙트르메)로는 푸딩, 수플레, 플랑베와 같은 더운 디저트와 무스, 아이스크림, 파르페, 셔벗과 같은 찬 디저트가 있다.

주로 부드럽고 입에 잘 녹는 것이 선택되며, 깔끔한 마무리를 위해 신선한 과일이 나오는 경우도 있다.

후식에 곁들이는 설탕소스를 재료별로 크게 구분하면 크림소스와 리큐어 소스로 나눌 수 있다.

크림소스 계통은 달걀, 우유 등이 주재료가 되며 바닐라 소스가 모체소스이다.

기초에서는 바닐라 소스 정도만 알고 있으면 된다.

이 소스는 일명 앙글레즈 소스라고도 한다.

바닐라는 중남미가 원산지인 나초형 식물이다. 긴 바닐라빈을 한번 삶은 후 건조시켜 가공하는데 과거에는 엑기스와 분말이 유통되었지만 요즘은 바닐라 원두를 직접 우려내어 사용한다. 이 소스는 후식의 모든 요리에 향신료 역할을 하므로 후식의 어머니라고도 할 수 있다.

바닐라크림 소스는 모든 후식에 곁들여도 될 정도로 용도가 다양하다. 만드는 법도 간단하며 후식의 당도를 조절하는 기능을 한다. 후식이 달면 바닐라크림 소스를 덜 달게 만들고 후식이 달지 않으면 바닐라크림 소스의 당도를 높이면 된다. 소스의 양은 외국인들은 1인분에 50ml 정도, 한국인들은 1인분에 30ml 정도를 선호한다.

흰색 계열 소스이므로 데커레이션으로도 잘 어울린다.

바닐라크림 소스를 만들 때는 바닐라 사용량에 주의해야 한다. 자칫 바닐라를 많이 넣었다가는 향이 너무 강해 요리의 맛을 모두 가려버릴 수 있기 때문이다.

베이직 설탕소스 계통에서 대표적인 소스가 바닐라 소스이다. 파생소스로는 앙글레즈 소스와 사바용 소스 등이 있다.

바닐라 소스(Vanilla Sauce)는 모든 후식 소스에 쓰인다고 해도 무방할 정도로 많이 쓰이고 있다. 특히 아이스크림 계열의 디저트에는 거의 다 사용된다고 보면 된다. 만드는 법은 간단하지만 모체소스인 관계로 당도의 맛이나 농도에 신경 써야 후식이 돋보인다.

앙글레즈 소스(Anglaise Sauce)는 바닐라 소스와 만드는 법이 비슷한데 노른자가 익으면 안 되니 조심해야 한다. 만약 노른자가 익었으면 소창에 걸러서 사용해야 한다. 특히 이 소스는 향이 중요한 만큼 과일 향이 들어 있는 리큐어의 첨가에 따라 맛이 좌우된다. 이 소스는 영국식 소스라고도 하고 미국에서는 커스터드 소스라고도 한다.

사바용 소스(Sabayon Sauce)는 후식의 색을 내는 데 자주 이용된다. 주재료가 달걀노른자와 설탕이므로 과일 디저트에 주로 사용되고 더운 버터소스를 만들 때도 거품기로 젓는 것을 사바용처럼 만든다고 표현한다. 주의할 점은 중탕하면서 노른자를 약하게 익히는 것이다.

바닐라 소스(Vanilla Sauce)

1 모체 바닐라 소스 만드는 연습을 반복하여 숙련도를 높일 수 있다.
2 응용 바닐라 소스를 만든 후 맛을 비교하여 차이점을 알 수 있다.
3 설탕의 종류를 다양하게 첨가하여 맛을 비교함으로써 차이점을 알 수 있다.
4 다양한 향신료를 넣어 바닐라 소스를 만든 후 맛을 비교하여 차이점을 알 수 있다.
5 당도를 조사하여 고객이 선호하는 디저트 소스를 개발할 수 있다.

모체소스

바닐라 소스(Vanilla Sauce)

재료 및 분량(산출량 150ml)

우유(Milk) 20ml
달걀노른자(Egg yolk) 2ea
설탕(Sugar) 40g
바닐라빈(Vanillabean) 1ea

조리도구

냄비, 온도계, 거품기
계량기, 저울, 믹싱 볼

1. 우유를 데운다
2. 노른자와 설탕을 섞는다.
3. 열을 가하면서 저어준다.
4. 크림상태로 걸러서 사용한다.

만드는 법

1 냄비에 우유와 반으로 자른 바닐라빈을 넣고 온도를 높인다.
2 볼에 달걀노른자와 설탕을 넣고 거품기로 섞어 크림 농도로 만든다.
3 ②에 따뜻해진 ①의 우유를 반 정도 부으며 빠르게 섞은 뒤 다시 ①에 붓는다.
4 나무주걱으로 바닥까지 천천히 저으며 85℃가 될 때까지 온도를 높여 적당한 농도가 되면 불을 끈다. 필요하면 체에 거른다.
5 크림형태로 만들어진 바닐라 소스를 디저트에 곁들여 사용한다.

평가기준

• 바닐라 소스 농도가 적당한지 평가한다.
• 소스 질감 조절하기
• 당도 맞추기

＊대량으로 제조 시 옥수수전분을 넣기도 한다.

• 85℃는 냄비 맨 가장자리 부분에 기포가 형성되어 끓어오를 정도의 온도이다.
• 소스의 단맛이 싫다면 설탕을 30g만 넣는다.
• 3일 이상 사용하면 소스가 상할 수도 있으니 가능하면 식은 뒤에 바로 사용하는 것이 좋다.
• 바닐라 크림소스를 만들 때는 바닐라 사용량에 주의해야 한다. 자칫 바닐라를 많이 넣었다가는 향이 너무 강해 요리의 맛을 모두 가려버릴 수 있기 때문이다.
• 바닐라 크림소스는 모든 후식에 곁들여도 될 정도로 용도가 다양하다. 만드는 법도 간단하며 후식의 당도를 조절하는 기능을 한다. 후식이 달면 바닐라 크림소스를 덜 달게 만들고 후식이 달지 않으면 바닐라 크림소스의 당도를 높이면 된다. 소스의 경우 외국인은 1인분에 50ml 정도, 한국인은 1인분에 30ml 정도를 선호한다.
• 흰색 계열 소스이므로 데커레이션으로도 잘 어울린다.
• 바닐라 소스를 만들 때 커피가루를 섞으면 커피소스가 된다.
• 소스가 거칠어지면 체에 걸러 사용한다.
• 불이 너무 강하면 노른자가 익어 분리될 수 있으므로 주의한다.
• 얼음물에 받쳐서 소스를 식힌다.

앙글레즈 소스(Anglaise Sauce)

재료 및 분량(산출량 150ml)

우유(Milk) 200ml **달걀노른자**(Egg yolk) 2ea **설탕**(Sugar) 50g **바닐라빈**(Vanilla bean) 1ea

조리도구

냄비, 계량컵, 계량스푼, 거품기, 나무주걱, 믹싱 볼

만드는 법

1 냄비에 우유를 붓고 바닐라빈을 반으로 잘라 긁어서 넣고 끓인다.
2 믹싱 볼에 달걀노른자와 설탕을 넣고 거품기로 섞어 크림 농도가 되도록 젓는다.
3 ②에 따뜻한 우유를 반 넣고 빠르게 섞은 뒤 남은 우유를 넣고 불에 올린다.
4 나무주걱으로 저어주면서 85~90℃가 될 때까지 익혀 농도가 되면 재빨리 체에 한번 걸러서 얼음을 받친 믹싱 볼에 빠르게 식혀준다.
5 가능하면 식힌 뒤에 바로 사용하며 하루 이상 사용하는 것은 옳지 않다.

평가기준

- 소스의 농도, 색, 맛, 향
- 달걀노른자의 익힘 유무

- 달걀을 넣고 과열되면 달걀노른자가 익어버린다.
- 약불을 사용한다.
- 이 소스는 커스터드(Custard) 소스라고도 부른다.
- 프랑스어인데 영국식 소스라고도 하며 후식소스 중 바닐라 소스와 용도가 비슷하다.
- 바닐라 크림소스와 같이 이 소스에 넣는 식재료에 따라 이름을 바꿀 수 있다.
- 더운 것도 있고 찬 것도 있다.

사바용 소스(Sabayon Sauce)

재료 및 분량(산출량 150ml)

달걀노른자(Egg yolk) 4ea **럼주**(Rum) 7ml **설탕**(Sugar) 60g **바닐라 에센스**(Vanilla essence) 2ml **화이트와인**(White wine) 7ml

조리도구(우유 200ml)

냄비, 온도계, 거품기, 계량기, 저울, 믹싱 볼

만드는 법

1 냄비에 우유를 넣고 온도를 높인다.
2 볼에 달걀노른자와 설탕을 넣고 거품기로 섞어 크림농도로 만든다.
3 ②에 따뜻해진 ①의 우유를 반 정도 부으며 빠르게 섞은 후 다시 ①에 붓는다.
4 나무주걱으로 바닥까지 천천히 저으며 85°C가 될 때까지 온도를 높여 바닐라 에센스, 화이트와인을 넣고 적당한 농도가 되면 불을 끈다.
5 크림형태로 만들어진 바닐라 소스를 디저트에 곁들여 사용한다.

평가기준

- 소스 질감 조절하기
- 당도 맞추기

• 달콤한 달걀소스에는 진한 맛과 크리미한 테크닉을 포함시킨다.

Almond Pudding with Vanilla Sauce

바닐라 소스를 곁들인 아몬드 푸딩 (Almond Pudding with Vanilla Sauce)

재료 및 분량(4인분)

우유(Milk)____________250ml
달걀노른자(Egg yolk)_______2ea
설탕(Sugar)_____________50g
바닐라빈(Vanilla bean)_______1ea
젤라틴(Gelatin)___________6g
생크림(Fresh cream)_____250ml
아몬드향(Almond flavoring)_____4g
바닐라 소스(Vanilla sauce)____50ml

- 푸딩은 디저트에서 잘 나가는 메뉴이다.
- 재료비가 적게 들어 주로 뷔페업장에서 많이 만든다.

만드는 법

1 우유와 바닐라빈을 넣고 중간불에서 80℃로 가열한 후 껍질을 제거해 놓는다.
2 달걀노른자와 설탕을 혼합하고 끓인 우유를 반만 부어 저은 뒤 나머지 우유를 80℃에서 섞어주면서 기초 푸딩을 만든다.
3 기초 푸딩에 아몬드 향과 중탕으로 녹인 젤라틴을 넣고 고운체로 거른다.
4 냉장고나 얼음물로 받쳐 식힌 후 휘핑된 크림을 섞고 준비된 푸딩컵에 완성된 푸딩을 담아 냉장 보관한다.
5 사용할 때는 따뜻한 물에 받쳐 컵에서 꺼내고 바닐라 소스를 곁들여준다.

요리 실습 전에 바닐라 소스를 만든다.
준비한 바닐라 소스에 추가로 재료를 넣어 파생 바닐라 소스를 만들어 요리에 곁들인다.

평가기준

- 젤라틴 사용법
- 푸딩의 완성도
- 푸딩의 향
- 푸딩의 당도

Orange Souffle with Vanilla Sauce

바닐라 소스를 곁들인 오렌지 수플레 (Orange Souffle with Vanilla Sauce)

재료 및 분량(4인분)

설탕(Sugar)______50g
박력분(Soft flour)______8g
달걀(Egg)______1ea
오렌지 리큐어(Orange liqueur)__4ml
슈거파우더(Sugar powder)____약간
바닐라 소스(Vanilla sauce)___50ml
오렌지 필(Orange peel)______5g
무염버터(Unsalted butter)_____10g

- 수플레에 들어가는 재료에 따라 다양한 종류의 수플레를 만들 수 있다.
- 수플레에는 찬 것과 더운 것이 있다.
- 수플레 반죽에 우유를 조금 넣는 셰프도 있다.
- 수플레 틀이 없으면 종이컵에 버터를 바르고 반죽을 넣어 만들 수도 있다.

만드는 법

1 오렌지 껍질을 깎아 썰어서 다진다.
2 달걀을 흰자와 노른자로 분리해 놓는다.
3 박력분을 고운체에 내려 노른자와 섞어준다.
4 오렌지 리큐어를 첨가한다.
5 달걀흰자와 남은 설탕을 넣고 단단한 거품(머랭)을 만든다.
6 준비한 반죽에 머랭을 2~3회 나누어 가볍게 섞어준다.
7 추가로 다진 오렌지 껍질을 넣는다.
8 수플레 컵에 버터를 바르고 설탕을 고르게 묻혀둔 반죽을 80% 정도 담아 턱이 있는 철판에 놓고 컵 높이의 1/3 정도 물을 채운다.
9 200℃로 예열된 오븐에서 약 25분 정도 굽는다. (육안으로 보았을 때 윗면이 약 1cm 정도 부풀어 오르고, 갈색이 나면 오븐에서 꺼낸다.)
10 마지막에 슈거파우더를 뿌려주고 바닐라 소스를 곁들인다.

요리 실습 전에 바닐라 소스를 만든다.
준비한 바닐라 소스에 추가로 재료를 넣어 파생 바닐라 소스를 만들어 요리에 곁들인다.

평가기준

- 완성된 수플레의 색
- 수플레 반죽의 덩어리 유무
- 머랭의 기포
- 수플레의 부푼 정도, 내부의 익은 정도

12 Basic 과일소스

설탕을 주재료로 한 과일소스의 모체는 오렌지 소스이다. 과일주는 서양에서는 리큐어(Liqueur)라고 해서 과일을 이용한 술을 후식 소스에 많이 이용한다.

오렌지 소스(Orange Sauce)에서 오렌지는 껍질과 속을 같이 사용한다. 껍질은 벗긴 후 잘게 썰어 설탕에 졸여서 디저트 소스에 사용한다. 과육은 즙을 내어 소스로 사용하거나 즙과 설탕으로 캐러멜 색을 내어 같이 섞어서 소스로 사용한다.

모체소스
파생소스
응용요리
오렌지 소스
(Orange Sauce)
• 멜바소스(Melba Sauce)
• 딸기소스(Strawberry Sauce)
• 오렌지 소스를 곁들인 과일 크레이프 퍼스
(Fruit Crepe Purse with Orange Sauce)
• 크레이프 수제트와 오렌지 소스
(Crepe Suzette with Orange Sauce)

과일소스 개요

디저트는 요리의 진미를 음미하는 식사의 맨 마지막에 제공되는 음식이다. 디저트는 자체가 좋아도 앞에서 제공된 요리와 조화가 맞아야 한다. 보통 무거운 음식에는 가벼운 과일 등이 제공된다. 가벼운 음식에는 버터가 많이 들어간 후식이 제공된다.

재료에 있어서는 계절에 맞는 과일을 제공하는 것이 좋다. 디저트 만들 때 가장 많이 사용되는 것이 설탕이다. 설탕과 더불어 디저트가 발전되었다고 해도 과언이 아니다. 하지만 요즘은 다이어트 바람과 웰빙 때문에 설탕과 버터를 덜 쓰는 추세이다. 버터크림보다는 생크림을 쓰고 달걀노른자보다는 흰자를 이용한 후식이 인기가 높다.

과일소스의 모체는 오렌지 소스이다. 이 소스는 다른 재료와 조화가 잘 이루어진다. 바닐라 소스도 다른 재료와 잘 어울린다. 그래서 이 두 소스가 후식을 대표한다.

과일주는 서양에서는 리큐어(Liqueur)라고 해서 과일을 이용한 술을 후식 소스에 이용한다. 주로 시럽소스를 말한다.

시럽소스는 대개 과일이 주종을 이룬다. 농도는 주로 옥수수전분을 넣어서 달콤하게 만든다. 이 소스에 첨가되는 럼이나 그 밖의 리큐어는 너무 많이 넣거나 시간이 경과하면 향이 날아가서 본래의 맛을 내지 못한다는 사실을 기억해야 한다.

또 다른 형태의 소스는 퓌레형태인데 살구, 망고 등이 있다. 옛날에 프랑스에서는 달고 작은 과자와 달콤한 포도주를 내놓는 습관이 있었는데 이것은 서로 맛을 억제하기 때문에 없어지게 되었다.

신맛 나는 과일에는 포도주의 맛이 빨리 변한다. 열을 가하지 않는 디저트에는 필요 이상의 향신료를 첨가하지 않는 것이 좋다.

후식 소스에 화이트와인을 사용할 경우 레몬이나 오렌지 껍질 또는 과일술을 넣으면 풍미가 보충되어 맛이 조화를 이룬다.

디저트가 고객의 취향과 유행에 따라 변하겠지만 기본적으로 미각적인 효과를 극대화해야 한다. 그리고 디저트 소스의 온도, 색대비, 구도, 재료, 접시 등을 이용한 시각적 효과를 살리기 위한 다양한 아이디어가 요구된다.

오렌지 소스(Orange Sauce)에서 오렌지는 껍질과 속을 같이 사용한다. 껍질은 벗긴 후 잘게 썰어 설탕에 졸여서 디저트 소스에 사용한다. 과육은 즙을 내어 소스로 사용하거나 즙과 설탕으로 캐러멜 색을 내어 같이 섞어서 소스로 사용한다.

멜바소스(Melba Sauce)는 산딸기 맛이 나는 디저트 소스로 찬 소스와 더운 소스로 구분하여 사용한다. 복숭아 멜바란 말은 옛날 영국의 여배우 레이디 넬 멜바가 자주 이용하던 레스토랑에서 유래되었다. 레이디 넬 멜바가 바나나 아이스크림을 주문하였으나 아이스크림의 양이 부족하여 아이스크림에 복숭아를 넣고 딸기 퓌레로 장식하여 주었더니 너무 맛있게 먹고 이후에도 그것만 찾아 복숭아 멜바라는 디저트가 생겨나게 되었다.

딸기소스(Strawberry Sauce)에서 딸기는 모든 과일 중 가장 인기있는 과일이다. 주로 잼, 소스 등에 이용되는데 색이 빨리 변하는 것이 단점이다. 딸기소스에 우유를 넣으면 색이 연해지기 때문에 딸기즙에 약간의 설탕을 녹여 만드는 것이 맛있는 소스를 만드는 비결이다.

오렌지 소스(Orange Sauce)

1 다양한 과일을 이용하여 후식 소스를 개발하는 능력을 키울 수 있다.
2 오렌지 소스를 이용하여 다양한 디저트 개발능력을 기를 수 있다.

모체소스

오렌지 소스(Orange Sauce)

재료 및 분량(산출량 800ml)

오렌지주스(Orange juice) 1L
설탕(Sugar) 50g
전분(Starch) 30g
키르슈(Kirsch) 5ml
레몬(Lemon) 3ea

조리도구

냄비, 나무주걱, 체
저울, 계량컵, 계량스푼

1. 오렌지주스 준비
2. 설탕과 섞는다.
3. 불에 가열한다.
4. 오렌지 술을 첨가한다.
5. 끓으면 걸러서 식힌다.

만드는 법

1 오렌지와 레몬은 즙을 내서 준비한다.
2 설탕, 옥수수전분과 300ml의 오렌지주스를 끓여 설탕이 녹으면 불에서 내려 식힌다.
3 나머지 700ml의 오렌지주스와 끓여서 식힌 오렌지주스를 섞어 고운체에 내려 키르슈(Kirsch)와 레몬즙을 섞어서 차게 보관하여 사용한다.

평가기준

- 소스의 농도, 색
- 접시에 담은 모양
- 소스의 당도
- 오렌지의 향과 맛

- 과일소스는 푸딩과 파이, 타르트 등에 맛을 더해주는 소스이다. 특히 사과와 크랜베리 소스는 고기와 가금류 요리에 잘 어울리고 신선한 과일소스는 매운 음식을 상쾌하게 해준다.
- 대량으로 오렌지 소스를 만들 때에는 오렌지 리큐어 술을 이용한다.
- 소스 마지막 단계에 과일술을 넣어 향과 맛을 좋게 하는 방법도 있다.
- 요즘은 설탕 대신 벌꿀을 사용하고 마지막에 멜론주, 딸기주, 오렌지술, 복숭아술, 사과주 등을 넣어 고급화시키기도 한다.

멜바소스(Melba Sauce)

재료 및 분량(산출량 150ml)

산딸기(Raspberry) 250g **슈거파우더**(Sugar powder) 80g **레몬**(Lemon) 1/2ea

조리도구

믹서기, 믹싱 볼, 계량컵, 계량스푼, 체

만드는 법

1 산딸기는 물기를 제거하여 믹서기에 넣고 곱게 갈아준다.
2 한 번 갈아놓은 산딸기에 슈거파우더와 레몬즙을 넣고 다시 갈아준다.
3 고운체에 내려 냉장고에 보관하여 사용한다.

평가기준

- 소스의 농도와 색
- 산딸기의 향
- 산딸기의 당도

- 생과일, 시럽에 절인 과일, 바닐라 아이스크림과 이 산딸기 소스가 조화를 이룬 것을 멜바라 부른다.
- 아이스크림 위에 많이 곁들인다.
- 이 소스는 가금류 음식에도 잘 어울린다.
- 가금류에 단 과일소스를 쓰는 것이 독성 제거에 도움을 준다고 해서 고객들이 선호하고 있다.

딸기소스(Strawberry Sauce)

재료 및 분량(산출량 800ml)

딸기(Strawberry) 1kg **슈거파우더**(Sugar powder) 400g **레몬주스**(Lemon juice) 150ml

조리도구

믹서기, 믹싱 볼, 계량컵, 계량스푼, 체

만드는 법

1 딸기를 깨끗이 씻어 물기를 제거한다.
2 딸기를 믹서기에 갈아준 뒤 슈거파우더와 레몬즙을 넣고 다시 갈아준다.
3 고운체에 내려서 용기에 담아 뚜껑을 닫고 냉장 보관하며 사용한다.
4 슈거파우더와 레몬즙의 양은 사용하는 과일의 당도와 산도에 따라 조정한다.

평가기준

- 소스의 색과 농도
- 딸기의 향
- 소스의 당도

- 딸기소스는 흰색 계통의 무스나 과일 디저트에 제공된다.
- 최근에는 와인을 살짝 졸여서 소스에 첨가하기도 한다.
- 바닐라 소스에 넣어서 후식에 사용하기도 한다.

Fruit Crepe Purse with Orange Sauce

오렌지 소스를 곁들인 과일 크레이프 퍼스 (Fruit Crepe Purse with Orange Sauce)

재료 및 분량(4인분)

우유(Milk) 200ml
설탕(Sugar) 40g
달걀(Egg) 2ea
달걀노른자(Egg yolk) 1ea
중력분(Medium flour) 60g
버터(Butter) 20g
사과(Apple) 80g
딸기(Strawberry) 80g
배(Pear) 80g
오렌지(Orange) 80g

소스전문가 Tip

- 기본작업 준비를 정확히 한다.
- 요리작품 만드는 작업순서는 과학적이고 합리적이며, 적정한 기구를 사용해야 한다.
- 완성된 요리의 온도, 특성에 맞도록 한다.

만드는 법

1 크레이프를 펼쳐놓고, 크레이프의 중앙에 과일과 오렌지 소스를 살짝 버무려 놓는다.
2 복주머니 모양으로 만들어 윗부분을 차이브로 묶는다.
3 주위를 과일로 장식하고 오렌지 소스를 곁들인다.

〈크레이프 만들기〉
1 스테인리스 볼에 달걀, 설탕을 합쳐 기포를 올린다.
2 중력분을 고운체에 내려 섞고 버터를 녹여서 혼합한다.
3 우유를 넣고 덩어리지지 않게 잘 섞어준다.
4 프라이팬에 기름을 두르고 온도가 오르면 반죽을 얇게 붓는다.
5 밑면이 색깔이 나면 뒤집는다.

요리 실습 전에 오렌지 소스를 만든다.
준비한 오렌지 소스에 추가로 재료를 넣어 파생 오렌지 소스를 만들어 요리에 곁들인다.

평가기준

- 오렌지 껍질을 소스에 이용
- 크레이프 만들기
- 오렌지 소스 만들기
- 과일 장식은 색조화

Crepe Suzette with Orange Sauce

크레이프 수제트와 오렌지 소스 (Crepe Suzette with Orange Sauce)

재료 및 분량(4인분)

우유(Milk)_____200ml
설탕(Sugar)_____40g
달걀(Egg)_____2ea
달걀노른자(Egg yolk)_____1ea
중력분(Medium flour)_____60g
버터(Butter)_____20g
체리(Cherry) 약간
오렌지(Orange)_____1개

- 소스의 맛이 너무 시거나 달지 않게 유의한다.

만드는 법

1 크레이프에 오렌지 껍질과 소스를 바른다.
2 부채꼴 모양으로 접는다.
3 오렌지 소스를 크레이프 위에 뿌린다.
4 오렌지를 모양내어 장식한다.

〈크레이프 만들기〉
1 스테인리스 볼에 달걀과 설탕을 합쳐 기포를 올린다.
2 중력분을 고운체에 내려 섞어준다.
3 버터를 녹여서 혼합한다.
4 우유를 넣고 덩어리지지 않게 잘 섞어준다.
5 프라이팬에 기름을 두른다.
6 팬에 기름을 두르고 온도가 오르면 반죽을 얇게 붓는다.
7 한쪽에 색이 나면 뒤집는다.
8 식혀서 사용한다.

그랑마니에르 오렌지 소스 만들기
1 오렌지는 즙을 짜서 설탕과 오렌지 껍질을 얇게 채썰어 준비한다.
2 ①을 불에 올려 걸쭉하게 될 때까지 졸이고 생크림으로 농도를 조절한다.
3 마무리할 때 오렌지 제스트를 섞는다.

요리 실습 전에 오렌지 소스를 만든다.
준비한 오렌지 소스에 추가로 재료를 넣어 파생 오렌지 소스를 만들어 요리에 곁들인다.

평가기준

- 소스에 Orange Zest를 넣기
- 크레이프 만들기
- 오렌지 과육을 떠서 가나시로 사용하기

저자 소개 Profile

최수근

- 영남대학교 대학원 식품학 박사
- 경희호텔경영전문대학 조리과 졸업
- 프랑스 Le Cordon Bleu 졸업
- 하얏트호텔, 신라호텔 근무
- 전) 한국조리학회 회장
- 현) 경희대학교 조리·서비스경영학과 교수
- 현) 한국조리박물관장
- 『소스스쿨』『소스수첩』『향신료수첩』『고급서양요리』
『오너셰프를 위한 레스토랑창업론』 외 다수의 저서와 논문이 있음

전관수

- 경희대학교 조리외식경영학과 박사 수료
- 백석예술대학교 외식산업학과 겸임교수
- 경희대학교 호텔관광대학 Hospitality 경영학과,
외식경영학과 강사
- 그랜드하얏트인천 부총주방장
- 현, 하얏트 리젠시 제주 총주방장

조우현

- 대한민국 조리명장
- 대한민국 우수숙련기술자 1호
- 요리왁스 국제심사위원
- 대한민국요리국가대표팀 '수라' 팀장
- 독일요리올림픽 국가대표팀 은상 · 동상 수상
- 룩셈부르크 요리월드컵 국가대표팀 은상 · 동상 수상
- 현) 한국에스코피에요리연구소 이사장(지식협동조합)
플로라 이탈리안레스토랑 오너셰프
대한민국요리국가대표 감독

저자와의
합의하에
인지첩부
생략

12 Basic Sauce

2016년 2월 25일 초　판 1쇄 발행
2018년 8월 30일 개정판 1쇄 발행

지은이 최수근 · 전관수 · 조우현
펴낸이 진욱상
펴낸곳 백산출판사
교　정 성인숙
본문디자인 오정은
표지디자인 오정은

등 록 1974년 1월 9일 제406-1974-000001호
주 소 경기도 파주시 회동길 370(백산빌딩 3층)
전 화 02-914-1621(代)
팩 스 031-955-9911
이메일 edit@ibaeksan.kr
홈페이지 www.ibaeksan.kr

ISBN 979-11-5763-107-0　93590
값 22,000원